Alain Corbin

Himmelsbesen und Höllentäler

Alain Corbin

Himmelsbesen und Höllentäler

Eine Kulturgeschichte des Windes

Aus dem Französischen
von Karin Becker

S. Marix Verlag

Vorspiel

Die Gesetzmäßigkeiten des Windes erschließen sich den Gelehrten erst im Laufe des 19. Jahrhunderts. Zuvor erfolgte jedwede Erfahrung und Beschreibung dieses geräuschvollen Nichts allein anhand verschiedener Sinneseindrücke. Der Luftstrom – unsichtbar, anhaltend und unvorhersehbar – schien bestimmt durch eben diese substanzlose, unbeständige und vergängliche Beschaffenheit. Die Flüchtigkeit des Windes, der scheinbar die unendliche Weite beförderte, galt als Erklärung dafür, dass man nicht genau wusste, welchen Ursprung und welches Ziel er hatte.

Ein jeder konnte ihn spüren in seiner Präsenz, seiner Stärke und seiner Macht. Bisweilen bläst der Wind nur, manchmal aber schreit er, brüllt oder heult: Er steht vor allem für Lärm und Getöse. Mitunter scheint er zu wimmern und zu klagen wie eine gequälte Seele, die zur ewigen Verdammnis verurteilt ist. Seine Wucht ruft Entsetzen hervor: Der Wind ist ein brutaler Angreifer, er peitscht, stürzt um und entwurzelt und wurde daher mit dem Zorn gleichgesetzt. Zudem reißt er fort, verschleppt und zerstreut alles auf seiner Flucht. Er kann austrocknen und Feuer anfachen. Doch gibt es auch Winde, die seufzen, die streicheln und zuweilen wie das Ebenbild eines Liebhabers anmuten.

Dabei kann der Wind in ganz unterschiedlicher Weise auf den menschlichen Körper einwirken: Hier lässt er frösteln, dort meint man zu ersticken. Seit der Antike glaubte man, dass er eine reinigende, gesundheitsfördernde Kraft hatte, aber auch, dass er – im eigentlichen Wortsinn – verpesten und vergiften konnte. Kurzum, der Wind, den Victor Hugo »den Schluchzer der unermesslichen Weite, diesen Hauch des Weltenraums, diesen Odem des Abgrunds« nannte, rief über die Zeiten hinweg Angst, Schrecken und Abscheu hervor.

Die obigen Ausführungen legen die Vermutung nahe, der Wind in seinen immer gleichen Erscheinungsformen könne kein Gegenstand der Geschichtsschreibung sein. Doch ist dies keineswegs der Fall. Denn die ersten wissenschaftlichen Erkenntnisse seit Beginn des 19. Jahrhunderts, insbesondere die Überzeugung von den weit entfernten Entstehungsorten der Winde sowie die Erfassung ihrer Gesetzmäßigkeiten und ihres Verlaufs sind durchaus historische Fakten – ebenso wie die neuartigen Erfahrungen, die man seitdem mit dem Wind auf Berggipfeln, in der Wüste, mitten in riesigen Waldgebieten oder erst recht im Luftraum gemacht hat.

Darüber hinaus hat sich in derselben Epoche durch das Aufkommen des sogenannten »meteorologischen Ich« die Palette der Wahrnehmungsweisen des Windes sowie der entsprechenden Sinnesempfindungen stark erweitert. Von diesem Zeitpunkt an war der Wind als literarischer Gegenstand den Schriftstellern eine stete Quelle der Inspiration. Dabei haben sich die Vorstellungen, die Reden und Träume vom Wind in all ihren Facetten kontinuierlich weiterentwickelt; zudem werden sie durch die Theorie des »Erhabenen« bereichert, durch die Verherrlichung der Natur in der deutschen Dichtung und generell der Romantik, sowie – nicht zu vergessen – durch die neuen Deutungen, die die epische Literatur nach und nach beigetragen hat, welche dem Wind im Laufe der Jahrhunderte gleichfalls eine grundlegende Bedeutung zuwies.

Demnach ist es erforderlich, von Beginn dieser Studie an genauestens den jeweiligen Wissensstand bzw. den Grad an Unwissenheit herauszustellen, will man die verschiedenen Wahrnehmungsweisen des Windes wirklich begreifen. Aus diesem Grund soll hier mit einer Darstellung des wissenschaftlichen Wendepunktes ganz am Ende des 18. Jahrhunderts begonnen werden, insbesondere mit der Entdeckung der Zusammensetzung der Luft. Erst im Anschluss daran sollen die Fortschritte im Verständnis der atmosphärischen Luftzirkulation beschrieben werden und auch die zunehmenden Erfolge in der experimentellen Auseinandersetzung mit konkreten Winden. All dies soll freilich unter ausdrücklicher Berücksichtigung jener ästhetischen Theorien erfolgen, die damals die durch die Kraft des Naturelements ausgelösten Gefühle beherrschten.

Nach diesem Ausflug mitten in die reale Erfahrungswelt soll in den folgenden Kapiteln in groben Zügen dargelegt werden, in welchen Deutungen und vor allem Träumen Künstler, Schriftsteller und Reisende seit der Antike dieser unvergleichlichen Macht, diesem unlösbaren Rätsel, das der Wind darstellte,

Ausdruck verliehen haben. Denn diese Quellen haben sich im 18. und 19. Jahrhundert mit den wissenschaftlichen Erkenntnissen und den jüngsten Naturerfahrungen vermischt und zu einer Erneuerung der Vorstellungswelt geführt.

Mit einem Wort: Vor den Augen des Historikers zeichnet sich ein gewaltiges Forschungsfeld ab, zumal der Wind selbst ebenfalls – oder vielleicht vor allem – ein Symbol der Zeit und des Vergessens ist. Daher sollten wir in uns gehen und über folgende Formulierung Joseph Jouberts nachsinnen: »Notre vie est du vent tissé« – »Unser Leben ist aus Wind gewoben«.

1
Der Wind – ein komplexes wissenschaftliches Problem

In der Nacht vom 4. auf den 5. Juli 1788 erlebt Horace Bénédict de Saussure, der ein Jahr zuvor den Montblanc bestiegen hat, während einer Exkursion zum Col du Géant einen Wind von bislang unbekannter Heftigkeit. Diese Erfahrung erscheint ihm so neuartig, dass er sich dazu entschließt, sie in seinem Buch *Voyages dans les Alpes* (»Reisen durch die Alpen«) detailliert zu beschreiben.

Nachdem er sich mit seinen Gefährten in eine kleine Hütte geflüchtet hat, schreibt er:

> »Eine Stunde nach Mitternacht erhob sich ein Südwestwind von einer solchen Gewalt, dass ich jeden Moment glaubte, er würde die Steinhütte, in der mein Sohn und ich uns schlafen gelegt hatten, mit sich fortreißen. Dieser Wind wies die Besonderheit auf, dass er regelmäßig von Phasen einer vollkommenen Windstille unterbrochen wurde. In diesen Zwischenzeiten hörten wir, wie der Wind unter uns, in der Tiefe der Allée-Blanche, wehte, während um unsere Hütte herum absolute Lautlosigkeit herrschte. Aber auf diese Momente der Stille folgten Windböen von einer unbeschreiblichen Wucht; sie waren

wie eine anschwellende Abfolge von Schüssen und ähnelten Geschützsalven. Wir fühlten, wie der ganze Berg unter unseren Matratzen erschüttert wurde; der Wind drang durch die Steinfugen der Hütte ein; er hob sogar zweimal meine Laken und Decken an und ließ mich von Kopf bis Fuß erstarren; ein wenig beruhigte er sich bei Tagesanbruch, doch bald erhob er sich von Neuem und kam in Begleitung von Schnee zurück, der von allen Seiten in unsere Hütte eindrang. Da flohen wir in eines der Zelte […]. Dort stießen wir auf die Bergführer, welche fortwährend die Zeltstangen festhalten mussten aus Angst, die Wucht des Windes könne sie umreißen und samt dem Zelt wegfegen.«

Sodann beschreibt Saussure den »Hagel« und den »Donner«, die über sie hereinbrechen:

»Damit man sich von der Heftigkeit des Windes eine Vorstellung machen kann, sei noch gesagt, dass unsere Bergführer bei dem Versuch, Lebensmittel aus dem anderen Zelt zu holen, zweimal eine der Pausen abwarteten, in denen der Wind sich zu legen schien, und dass sie auf halbem Wege – auch wenn es von einem Zelt zum anderen nur sechzehn oder siebzehn Schritte waren – von einem Windstoß so plötzlich angefallen wurden, dass sie sich, um nicht in den Abgrund gerissen zu werden, an einen Felsen klammern mussten, der glücklicherweise auf halber Strecke lag, und dass sie zwei oder drei Minuten mit vom Wind über den Kopf gestülpten Kleidern dort verharrten, mit vom Hagelschlag gepeinigtem Leib, bis sie es wagten, sich erneut in Bewegung zu setzen.«[1]

In diesem Sommer 1788 erschien Saussure ein solches Winderlebnis völlig neuartig, während es dem heutigen Leser wohl eher unspektakulär vorkommen muss. Genau diese Einschätzung stellt nun aber ein historisches Faktum dar, und wie wir noch sehen werden, sollte es im Laufe der folgenden Jahrzehnte noch mehr dieser scheinbar immer neuen Erfahrungen mit dem Wind geben. Gegen Ende des 18. Jahrhunderts, als Luft gerade in Mode war, wurde der Wind noch mehrheitlich als eines der Elemente wahrgenommen, bevor einige Jahrzehnte später Erkenntnisse über die Beschaffenheit, den Ursprung und die Zirkulation der Winde vertieft werden konnten.

Bis zum Ende des 18. Jahrhunderts besaß man nur sehr wenige wissenschaftliche Daten zur Bestimmung der Winde. Nennenswerte Erfahrungen beschränkten sich auf – oft schreckliche – Prüfungen, die in der Seefahrt oder zeitweise auch auf dem Boden verschiedener Landstriche zu bestehen waren. Die Winde wurden anhand ihres örtlichen Erscheinungsbildes beschrieben, worauf wir noch zurückkommen werden. Seeleute maßen ihnen äußerst große Bedeutung bei und benutzten eine Vielzahl von Begriffen und Ausdrücken zu ihrer Beschreibung. Doch die kümmerlichen Versuche einer wissenschaftlichen Bestimmung der Winde hingen noch von den Verfahren jener Erfassung ab, die von einigen Amateuren geleistet wurde, die über Messinstrumente verfügten. In den kleinen Laboratorien dieser Wetterbegeisterten fand sich bisweilen ein Anemometer zur Messung der Windgeschwindigkeit neben dem Thermometer und dem Barometer, nicht zu vergessen die Windfahnen zur Anzeige der Windrichtung, die auf Kirchtürmen und Schlossfassaden angebracht wurden, denn dies war ein herrschaftliches Privileg.

Damals nahmen selbst die Gebildetsten den Wind nach wie vor vermittels jener Darstellungen wahr, die ihnen die umfangreiche kirchliche und weltliche Literatur vorgab, die bis in graue Vorzeit zurückreichte. Abgesehen davon blieb der Wind – trotz seiner Deutung als entscheidende Größe des menschlichen Lebens – ein Naturphänomen, für das es keinerlei genauere Erklärung gab. Zwar hatten Seeleute seit der Renaissance durchaus das regelmäßige Auftreten der Passatwinde in der Gegend zwischen den Wendekreisen ausgemacht, und es gab seitdem Seekarten, die diese Beobachtungen sehr wohl berücksichtigten. Darüber hinaus waren bestimmte lokale Winde wie der Mistral, die Tramontane und der Noroît (um uns auf Frankreich zu beschränken) bereits mit großer Genauigkeit beschrieben worden; nicht zu vergessen die Tatsache, dass man sich Ende des 18. Jahrhunderts in der Salonkultur kleinen Vorführungen widmete, in deren Verlauf Gelehrte oder Personen, die als solche galten, das Wehen des Windes im Kleinen nachstellten. Aber ein gründlicheres Verständnis setzte in erster Linie Kenntnisse über die Luft und ihre Zusammensetzung voraus. Handelte es sich um ein Fluidum im Sinne eines Elements, wie man seit Aristoteles glaubte, neben dem Wasser, der Erde und dem Feuer, oder gar um einen mysteriösen Stoff namens Phlogiston?

Wie auch immer, die Spezialisten waren nunmehr der Ansicht, dass Luft in vielfältiger Weise auf den Körper einwirkte: durch einfachen Kontakt mit der Haut oder der Lungenmembran, durch einen Austausch über die Poren oder durch direkte oder indirekte Aufnahme über die Nahrung, da Lebensmittel ja Luft enthielten. Die Gelehrten wurden nicht müde zu betonen, dass Luft je nach Jahreszeit und Region die Spannung der Körperfasern steuerte – eine Größeneinheit, die damals als maßgeblich galt. Beobachtungen ergaben, dass sich im Körper ein prekäres Gleichgewicht zwischen äußerer und innerer Luft einstellte, welches ohne Unterlass durch Vorgänge wie Ausatmen, Schleimauswurf, Aufstoßen und Abgang von »Winden« aufrechterhalten wurde. Bereits zwei Jahrhunderte zuvor hatte Rabelais ausführlich von der Insel Ruach gesprochen, deren Einwohner sich ausschließlich von Winden ernährten.

All dies trug zum Aufkommen der Überzeugung bei, die Luft würde von einer Art biegsamer *Sprungfeder* angetrieben, gerade groß genug, die Schwerkraft auszugleichen. Aus dieser Sichtweise ergab sich, dass es bei einem Elastizitätsverlust der Luft allein Bewegung und Regsamkeit (auf die zurückzukommen ist) vermochten, diese Elastizität wiederherzustellen und damit das Überleben der Organe zu gewährleisten. Für die damalige Medizin stellte das Gleichgewicht zwischen dem Körper, also dem inneren Milieu, und der Atmosphäre eine entscheidende Gegebenheit dar: Da warme Luft eine Verlängerung und Erschlaffung der Körperfasern verursachte, kalte Luft hingegen ihre Straffung, erwies sich frische Luft als besonders wohltuend und galt darum als erstrebenswert. So erklärt sich, dass wissenschaftliche Vorstellungen der Luft die Grundlage für das allgemeine Interesse darstellten, das man dem Wind entgegenbrachte.

Diese »aeristische« Denkweise führte dazu, dass man die Luft als eine entsetzliche Brühe ansah, in der sich Rauch, Schwefeldämpfe und wässrige, flüchtige, ölige und salzige Dünste vermengten, ja sogar entzündliche, aus dem Erdreich aufsteigende Stoffe, Ausdünstungen der Sümpfe sowie von verwesenden Körpern ausgehende »Miasmen«. All dies gefährdete die Elastizität der Luft, die bisweilen außerdem durch seltsame Gärungs- und Umwandlungsprozesse bedroht wurde, wie sie scheinbar durch Blitz, Donner und Unwetter in Gang gesetzt wurden.

Die Atmosphäre eines Ortes stellte ein gefährliches Reservoir dar, in dessen Innerem sich Seuchen zusammenzubrauen drohten. Diese Gemengelage führte zu einem überschwänglichen Lobpreis des Windes und der Luftbewegung, die in der Lage schienen, die Luft von ihrer schädlichen Fracht zu befreien. Der Neohippokratismus – die Lehre des Hippocrates von Kos (5. – 6. Jahrhundert) in der Überarbeitung des 18. Jahrhunderts – empfahl dementsprechend die sorgsame Überwachung der Atmosphäre und ein erhöhtes Misstrauen gegenüber einer besonders ruhigen Wetterlage. Diese Verherrlichung der Luftzirkulation hat über eine sehr lange Zeit Bestand, die letztlich sogar länger ist als jene Phase, in der sich später die Definition der Luft als chemische Verbindung durchsetzte, die ihre Auffassung als Element oder Phlogiston schließlich ablöste. Genau diese Übergangsphase soll uns im Folgenden beschäftigen.

Das Phlogiston galt damals als eine der zentralen Mächte der Natur. Es handelte sich, wie man glaubte, um ein spezielles Fluidum, das jedem Lebewesen innewohnte und das, sobald es aus diesem austrat, eine Verbrennung auslöste. Diese Theorie, die bereits im 17. Jahrhundert entworfen worden war, wurde von Georg Stahl, einem der berühmtesten Gelehrten seiner Zeit, aufgegriffen und weiterentwickelt. Ihm zufolge kam das Phlogiston in allen brennbaren Körpern vor, und der Verbrennungsvorgang selbst stellte lediglich den Übergang des Phlogistons vom gebundenen zum freien Zustand dar.

Bekanntlich hat Antoine Lavoisier diese Missdeutung des Verbrennungsprozesses ausgemerzt. Er konnte beweisen, was bereits der Pfarrer Priestley, auf den wir zurückkommen werden, auf seine Weise festgestellt hatte, während dieser allerdings unverändert in der Phlogistontheorie verfangen blieb: dass nämlich Luft eine Verbindung darstellte aus Stickstoff (wie seit 1772 durch Daniel Rutherford erwiesen), aus Sauerstoff und Wasserstoff (der bereits von Henry Cavendish bestimmt worden war).

Die Entdeckungen des gelehrten Theologen Priestley aus den Jahren 1772 und 1778 waren folglich durchaus von Bedeutung, allerdings blieben sie unvollständig. Ihm zufolge waren hinsichtlich der Atmung eine »gewöhnliche Luft«, eine »phlogistische Luft« (Stickstoff) und eine »lebenserhaltende Luft« (Sauerstoff) zu unterscheiden, wobei letztere vom Phlogiston befreit und damit die Atmungsluft schlechthin war. Kurzum, die Tatsache, dass Priestley zum Teil immer noch der Phlogistonlehre anhing, hinderte ihn an der Verwirklichung einer fehlerfreien Beschreibung der Zusammensetzung der Luft. Gleichwohl stellt die Luft in seinem Werk nicht mehr ein Element dar, sondern wird als Kombination beziehungsweise Gemisch aus Gasen erkannt. Dessen ungeachtet besteht seiner Meinung nach – und andere Gelehrte der Epoche teilen diese Auffassung – eine enge Verbindung zwischen der Chemie der Gase und organischen Prozessen. Die Beschaffenheit der Luft zu untersuchen bedeutete damals, die Mechanismen des Lebens zu studieren; und für Belüftung zu sorgen hieß, den öffentlichen Raum zu entgiften. Damit ist klar, dass der Wind einen zentralen Platz im öffentlichen Gesundheitswesen einnimmt, das zu jener Zeit gerade im Entstehen begriffen war. Das Lüften avanciert zum Dreh- und Angelpunkt einer neuen Gesundheitspolitik, die ja von der Furcht vor Stillstand und Unveränderlichkeit geleitet war.

Noch vor der Entdeckung der genauen chemischen Zusammensetzung der Luft hatte also die neohippokratische Luftlehre zu einer Befürwortung des Lüftens geführt, welches ja die Elastizität und die keimtötende Eigenschaft der Luft wiederherstellen sollte. Der Wind fegt die unteren Schichten der Atmosphäre durch, er reinigt verdorbenes Wasser und beseitigt schlechte Gerüche. Mit einem Wort: Die Überwachung und Beherrschung des Windes und des Luftzugs gelten zu jener Zeit als zweckdienliche Verfahren.

Im Rahmen dieser Sichtweise zeigt sich die Nützlichkeit des Blasebalgs beziehungsweise eines jeden Geräts, das eine Luftzufuhr ermöglicht. Es gab zahlreiche Gegenstände, die im Ruf standen, die gesundheitsfördernde Wirkung des Windes, und das heißt die Luftzirkulation, anzuregen: im privaten Raum den Fächer; in der Nachbarschaft von Sümpfen die Bäume; in der Stadt auf Schlitten angebrachte Windmühlen mit sich waagerecht drehenden Flügeln und diverse andere Gefährte; weiter die Erschütterung der Atmosphäre durch Glockengeläut und Kanonendonner; auf Schiffen den Effekt der Segel … Und in Quarantänestationen wurden jene Waren, die im Verdacht standen, die Pest zu übertragen, ausgelüftet.

Während der Aufklärung sind die Architekten geradezu besessen von dem Bedürfnis, in Gebäuden eine stete Luftzirkulation zu erzeugen, und von dem Bestreben, für einen aufsteigenden Luftzug zu sorgen. Auch darf eine gesunde Stadt nicht von Mauern umgeben sein, denn diese würden jedes bauliche Instrument der Luftreinigung behindern. Zur Förderung der Luftbewegung müssen die Straßen breit und die Plätze großzügig angelegt sein. Diese Überzeugung verpflichtet gleichfalls zu einem Abstand zwischen den Gebäuden und zum Bau von Hospitälern, die als »Inseln in der Luft« konzipiert sind. Entsprechend lautete eine Erklärung des Königs Ludwig des XVI., der damit jede Behinderung der Luftzirkulation innerhalb der Stadt unterbinden und die Luftzufuhr im städtischen Raum gewährleisten wollte.[2]

In England wie in Frankreich empfahlen die königlichen medizinischen Gesellschaften die Erstellung von »medizinischen Verfassungen« für ein jedes Gebiet, vor allem um die gesundheitliche Situation, das heißt die Seuchengefahr, besser erkennen zu können. Diese Praxis bestimmt auch jene große statistische Untersuchung, die Jean-Antoine Chaptal während des Konsulats und des Kaiserreichs auf der Ebene der Départements durchführte, und sie setzt sich im ersten Drittel des 19. Jahrhunderts als Gegenstand unzähliger Druckschriften fort. Sie stellt eine wertvolle Quelle für die Geschichte lokaler Windphänomene dar – doch ist all dies hinlänglich bekannt.

Kehren wir zu unserem eigentlichen Thema zurück. Zwischen 1800 und 1830 macht die Erforschung des Windes kaum Fortschritte. Gleichwohl muss auf zwei bemerkenswerte Fakten aus dieser Periode hingewiesen werden: zum einen das Beharren der Gelehrten auf der Existenz eines »Luftmeeres« und zum anderen ihre Einsicht in den weitentfernten Ursprung eben jener Phänomene, die dieses ausmachten. Hinsichtlich beider Aspekte behauptet sich die Persönlichkeit des größten Forschers dieser Epoche: Alexander von Humboldt. Lesen wir einige Seiten seines berühmten Buches *Kosmos*, das zwar erst ab 1845 erschien, das jedoch frühere Erkenntnisse zusammenfasst.

Im Anschluss an seine Ausführungen zum Wissen über das Luftmeer schreibt er:

»Die zweite, und zwar äußerste und allgemein verbreitete Umhüllung unseres Planeten, das *Luftmeer*, auf dessen niederem Boden oder Untiefen (Hochebenen und Bergen) wir leben, bietet sechs Classen der Naturerscheinungen dar, welche den innigsten Zusammenhang mit einander zeigen, und aus der chemischen Zusammensetzung der Atmosphäre, aus den Veränderungen der Diaphanität, Polarisation und Färbung, aus denen der Dichtigkeit oder des Druckes, der Temperatur, der Feuchtigkeit und der Electricität entstehen.«

Einige Seiten weiter betont Alexander von Humboldt eine Gegebenheit, die in Zusammenhang mit dem Wind, unserem Thema, grundlegend ist, nämlich die weite Entfernung der Entstehungsursachen des atmosphärischen Geschehens. So lesen wir:

»Wichtige Witterungsveränderungen haben nicht eine örtliche Ursach an dem Beobachtungsorte selbst; sie sind Folgen einer Begebenheit, die in weiter Ferne durch Störung des Gleichgewichts in den Luftströmungen begonnen hat, meist nicht an der Oberfläche der Erde, sondern in den höchsten Regionen: kalte oder warme, trockene oder feuchte Luft herbeiführend, die Durchsichtigkeit der Luft trübend oder aufheiternd, die gethürmte Haufenwolke in zartgefiederten Cirrus umwandelnd. Weil also Unzugänglichkeit der Erscheinungen sich zu der Vervielfältigung und Complication der Störungen gesellt, hat es mir immer geschienen, daß die Meteorologie ihr Heil und ihre Wurzel wohl zuerst in der heißen Zone suchen müsse: in jener glücklichen Region, wo stets

> dieselben Lüfte wehen, wo Ebbe und Fluth des atmosphärischen Druckes, wo der Gang der Hydrometeore, wo das Eintreten electrischer Explosionen periodisch wiederkehrend sind.«[3]

Damit ist klar, dass der Autor diese wegweisenden Zeilen im unmittelbaren Vorfeld jener Entdeckungen schreibt, die in diesem Kapitel vorgestellt werden sollen.

Doch ist Alexander von Humboldt keineswegs der Einzige, der auf die große Entfernung der Entstehungsquellen der Winde, der Regenfälle und der Bewegung innerhalb der Atmosphäre abhebt. Auf seine eigene – sicherlich poetischere – Weise zeigte sich auch Bernardin de Saint-Pierre fasziniert von ihrem entlegenen Ursprung und träumte von ihrem weiteren Verlauf.

Ab 1854/55 macht die Erforschung des Wettergeschehens und damit auch jene des Windes plötzlich große Fortschritte. In jenen Jahren haben zwei Katastrophen allgemeine Bestürzung ausgelöst und Gewissheiten erschüttert. Am 14. November 1854 werden die englische und die französische Flotte in der Nähe der Krim von einem fürchterlichen Unwetter heimgesucht; eine Vielzahl von Schiffen wird vernichtet, so auch die *Henri IV*, das Schmuckstück der französischen Marine. Am 16. Februar 1855 sinkt die Fregatte *Sémillante* in der Straße von Bonifacio – niemand von der Besatzung überlebt das Unglück. Daraufhin fällt Kaiser Napoleon III. tief betroffen eine Reihe von Entscheidungen. In jenem Jahr übernimmt Urbain Le Verrier die Leitung des Pariser Observatoriums, in welchem ein Angestellter dreimal pro Tag die Windrichtung in ein Register einzutragen hat. Wie in Paris entsteht jetzt auch in Greenwich eine Vielzahl wissenschaftlicher Veröffentlichungen; das Netz der Wetterstationen wird immer dichter, und man beginnt, internationale Tagungen auszurichten. Auf einem dieser Kongresse, an dem zehn Länder teilnehmen, wird die verpflichtende, mehrmals täglich durchzuführende Wetterbeobachtung an Bord von Schiffen festgeschrieben. Zugleich wächst das öffentliche Interesse an der Wissenschaft von der großräumigen Dynamik der Atmosphäre. Und schon bald (1859) beschleunigt die unterseeische Telegraphenverbindung die Übermittlung von Wetterdaten.

All dies beflügelt den Forschergeist, der auch für die Erklärung des Windes eine ganze Reihe wissenschaftlicher Erkenntnisse liefert. Bereits 1848 hatte Henry Piddington von Kalkutta aus ein Standardwerk über die Tropenstürme veröffentlicht (*The Sailor's Horn-Book for the Law of Storms*). Er hatte zur Bezeichnung von Wirbelstürmen den Begriff »Zyklon« eingeführt (vom Griechischen κύκλος = Kreis abgeleitet); in Frankreich wurde der Terminus elf Jahre später übernommen. Im eben diesem Jahr 1848 erstellte Matthew Fontaine Maury von der amerikanischen Marine eine *Windkarte für den Nordatlantik.* 1863 führt Francis Galton den Begriff »Antizyklone« für Hochdruckgebiete ein, während der Holländer Christoph Buys Ballot jenes Gesetz formuliert, das die Windrichtung durch ihren Bezug zum Zentrum eines Wirbelsturms erklärt.[4]

Auch in Frankreich entwickelt sich die sogenannte dynamische Meteorologie weiter. Eine wichtige Rolle spielt in diesem Bereich Edme Hippolyte Marié-Davy. Er weist zunächst Winde nach, die er »Zyklonoide« mit großem Durchmesser nennt und die er als »Sturmböen« (*bourrasques*) bezeichnet, für die er im Jahr 1863 Karten veröffentlicht. Zwei Jahre später gibt er den Gedanken auf, diese seien nichts anderes als tropische Wirbelstürme, die sich auf ihrem Weg in europäische Breiten abgeschwächt hätten, und findet vielmehr heraus, dass die »Sturmböen« ihren Ursprung im Gebiet Neufundlands, Islands und der Azoren haben und einige Tage brauchen, bevor sie Europa erreichen. Im Laufe der 1870er Jahre setzen sich dann diese »Sturmböen« beziehungsweise »Sturmtiefs« als grundlegende Bezugsgröße der – vor allem europäischen – Atmosphärendynamik durch.

Im selben Zeitraum kommt eine wahre Begeisterung für Windkarten auf. So veröffentlichen Matthew Fontaine Maury und sein Team zwischen 1848 und 1873 sogenannte *Wind Roses*, aus denen man insbesondere ersehen kann, wie oft jeden Monat eines Jahres Winde aus einer bestimmten Richtung beobachtet wurden.

Doch der Wissenschaftler, der sich am meisten für Fragen der Windrichtung und der Windstärke begeisterte, war unbestritten Léon Brault,[5] ein katholischer und konservativer Kleinbürger. Er verwirklichte ein 1870 entworfenes Projekt vermittels diverser Reisen in Seehäfen, deren Archive er auf Angaben zu Windereignissen hin untersuchte. Sein erklärtes Ziel lag darin, »das normale Gleichgewicht der Atmosphäre« nachzuweisen, nicht dagegen zufällig auftretende Ereignisse wie Tropenstürme, Zyklone, Sturmböen und Tiefausläufer, welche er als »Krankheiten der Atmosphäre« ansah. Schließlich führten seine unermüdlichen Reisen und die Arbeit eines ganzen Teams zur Fertigstellung von zwölf Heften, die insgesamt 750 Windbeobachtungen enthielten – von Seeleuten kontinuierlich in verschiedenen Häfen aufgezeichnet, wobei die jeweilige Windstärke anhand einer überkommenen Skala der französischen Marine (und nicht nach der Beaufort-Skala[6]) gestaffelt wurde. Als Anemometer fungierte dabei nicht ein Instrument, sondern schlicht der Körper des Seemanns. Genau genommen wurden die Daten von Offizieren der Brückenwache gesammelt, die Brault als die besten Anemometer erachtete.

Zunächst stellte er seine statistischen Windkarten des Nordatlantiks auf dem internationalen Kongress vor, der im August 1875 in Paris stattfand. Seiner Meinung nach wurden durch sein Werk all jene Arbeiten über den Wind hinfällig, die aus dem 18. und der ersten Hälfte des 19. Jahrhunderts stammten, denn er war der Ansicht, dass diese lediglich auf vorgefassten Meinungen beruhten. 1877 und schließlich 1880 veröffentlichte Brault dann nach Trimestern gegliederte Windkarten des Südatlantiks, des Pazifiks und des Indischen Ozeans, bevor er ein ähnliches Projekt für Meeresströmungen in Angriff nahm, das allerdings durch seinen Tod im Jahre 1885 abgebrochen wurde.

Jahrzehntelang erfreuten sich die Karten Braults großer Wertschätzung in wissenschaftlichen Kreisen.

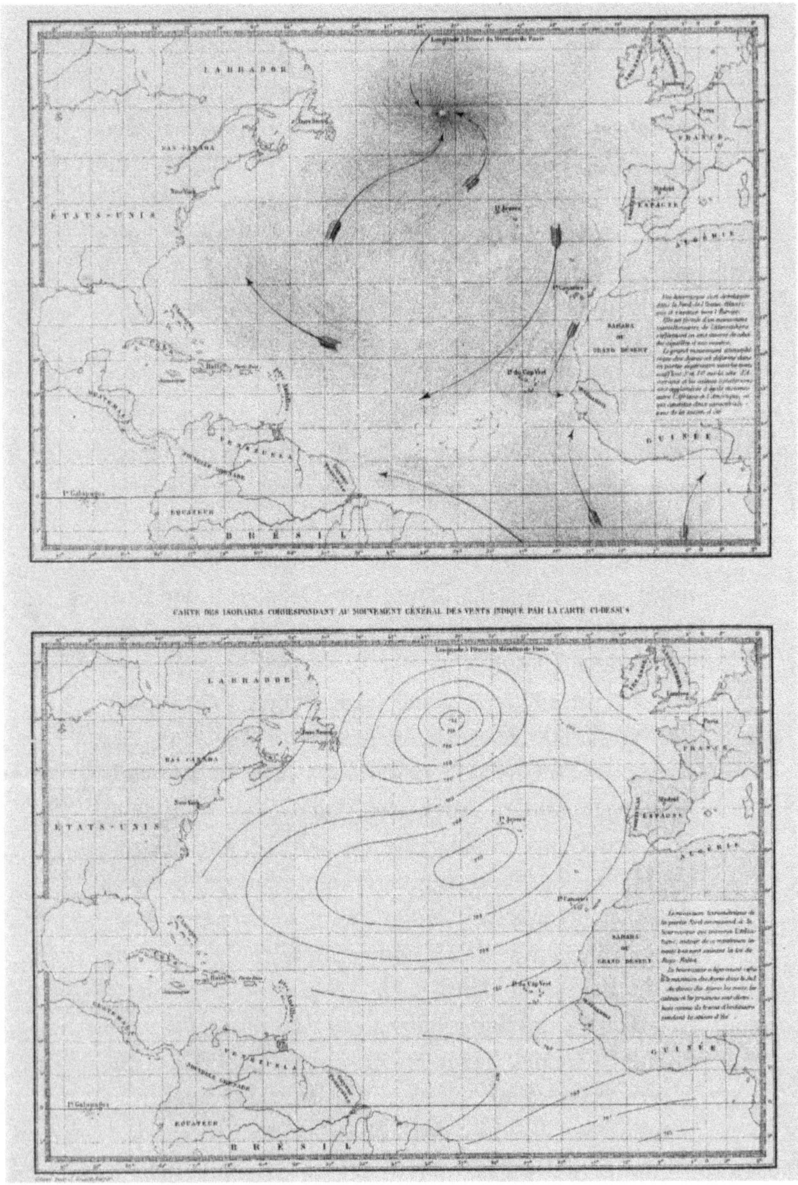

Carte des vents d'été /
Historische Karte der Sommerwinde von Léon Brault, 1885

Und bis 1940 war ihre Verwendung auf allen Schiffen der französischen Kriegsflotte vorgeschrieben.

Kommen wir auf die Meeresströmungen zurück, denn heute wissen wir, dass der Wind auf sie großen Einfluss ausübt. Was wusste man damals darüber? Der Golfstrom war in seiner Beschaffenheit und in seinem Verlauf seit langem bekannt. Alexander von Humboldt widmet ihm eine höchst genaue Untersuchung. Er erwähnt die Rolle, die »die um die Erde fortschreitende Erscheinungszeit der Ebbe und Fluth« sowie »die Dauer und Stärke der Wassertheilchen« spielen, und führt die »unter verschiedenen Breiten [...] specifische Schwere der Wassertheilchen« des Meeres an, seine Tiefe, seine Temperatur, seinen Salzgehalt und den wechselnden Luftdruck. Er beschreibt die Bewegung und die Geschwindigkeit der Strömungen und stellt die Frage nach ihrer Tiefe.

Im Jahre 1855 veröffentlicht Matthew Fontaine Maury in seinem Buch *The Physical Geography of the Sea* Karten, welche zugleich Winde und Meeresströmungen verzeichnen, und versichert dabei, letztere wiesen durchaus Abweichungen auf. Zum gleichen Zeitpunkt entdeckte man zwar auch die tiefen Meeresströmungen, aber die Rolle des Windes sollte in diesem Zusammenhang erst viel später genauer bestimmt werden. Denn wie man heute weiß, werden etwa 50% der Reibungsenergie, mit der der Wind auf das Meer einwirkt, auf die Strömung übertragen. So weist Jean-François Minster in *La Machine-Océan* darauf hin, dass »die geographische Struktur des Windfeldes sowohl die horizontale Struktur der Ober-

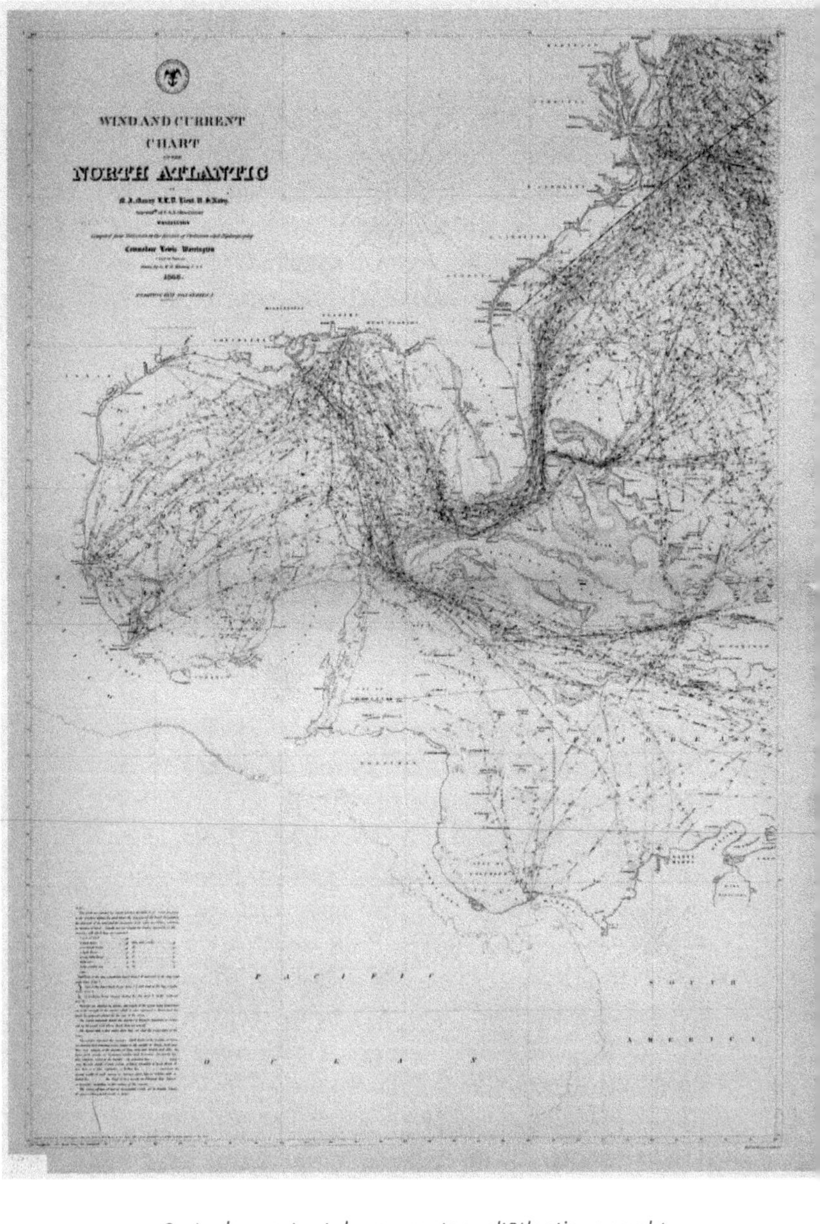

Carte des vents et des courants sur l'Atlantique nord /
Historische Karte der Nordatlantikwinde von
Matthew Fontaine Maury, 1848.

flächenströmung bestimmt als auch ihre vertikale Verteilung«.[7]

Das ungebrochene Interesse, das die Wissenschaftler – wie auch die Öffentlichkeit – dem Thema Wind entgegenbringen, erreicht seinen Höhepunkt mit der Eingliederung der Windforschung in die Geografie, wie sie von Paul Vidal de La Blache vollzogen wird. Gegen Ende des 19. Jahrhunderts stellt der Wind also keine unbekannte Größe mehr dar dank der Erkenntnisse, die man mittlerweile hinsichtlich der Dynamik der Luftmassen gewonnen hat. Doch fehlt noch das Wissen über die höheren Schichten der Atmosphäre, insbesondere die Einführung der Begriffe Troposphäre und erst recht Stratosphäre durch Léon Teisserenc de Bort zu Beginn des 20. Jahrhunderts. Inmitten genau jenes Zeitraums verbreitet sich auch das Wissen über den *Jetstream*. In Frankreich spielt diesbezüglich Ende der 1950er Jahre der Meteorologe Pierre Pédelaborde eine wichtige Rolle, und zwar vor allem durch seine Lehrveranstaltungen an der Universität von Caen, wo ich einer seiner Hörer war.

2
Das Alltagswissen über den Wind

Hinsichtlich der Alltagserfahrungen mit dem Wind spielte das Wissen um die weit oben in der Atmosphäre stattfindende Zirkulation der Luftmassen für den Großteil der Bevölkerung keine Rolle. In der aktuellen Lebenspraxis ging es vor allem um die Kenntnis der lokalen Winde, ihrer Bezeichnungen und der damit zusammenhängenden Gegebenheiten, die von einer Generation zur nächsten weitergegeben wurden. All dies ist bereits zur Genüge untersucht: Es existieren heute höchst genaue Listen der diversen regionalen Winde der Welt, und es wäre ein zu umständliches Unterfangen, uns jetzt darin zu verzetteln.

Beschränken wir uns auf ein paar Beispiele. Jules Michelet etwa verzeichnet vier Südwinde (Föhn, Autan, Scirocco und Simoun), denen ein von ihm beschriebenes Gebirge ausgesetzt ist. Der berühmteste unter den Winden war in Frankreich damals der kalte, trockene und stürmische Mistral. Er bläst in einem Dreieck zwischen Valence, Montpellier und Fréjus aus Nord bis Nordwest, und zwar in Böen, die schon einmal hundert Stundenkilometer erreichen und im Verlauf des Rhônetals noch an Stärke zunehmen.

Der Mistral hat gravierende Auswirkungen auf die Natur: Er drückt die Pflanzenwelt zu Boden, trägt zur

Erosion des Felsgesteins bei und verstärkt bei alledem doch die Helligkeit des Himmels. Er hat eine austrocknende Wirkung und kann folglich Brände anfachen; zudem trägt er oft Hausdächer ab. Für gewöhnlich bläst er bis zu drei Tage lang und kann bei einer Ausdehnung über das Meer sogar Korsika oder die Balearen erreichen. Vermutlich war es der Mistral, der im Februar 1855 an der Straße von Bonifacio den Schiffbruch der *Sémillante* verursacht hat. In den betroffenen Gebieten trägt die Bauweise der Gehöfte diesen Gefahren Rechnung. Und natürlich stellte der Mistral bis zur Mitte des 19. Jahrhunderts eine willkommene Einkommensquelle für die Besitzer von Windmühlen dar.

Um es mit den Worten Jean-Pierre Destands zu sagen, der den »Äolus im Languedoc« eingehend untersucht hat:[8] Die lokalen Winde dienen auch als Markstein für eine Gebietsbestimmung und entsprechend als eine Art Identitätsausweis der Einheimischen. Die große Vielfalt dieser Winde drückt sich in der ganzen Bandbreite der Namensgebungen aus, die alle sinnbildlich zu verstehen sind. Die Winde spielen sozusagen die Rolle natürlicher Haushaltsbarometer und haben daher auch eine Funktion bei der Raumaufteilung.

Häufig dient der Wind zur Orientierung. Er gibt die Regeln vor, nach denen sich der Fischfang, die Obsternte und die Jagd ausrichten. Somit zwingt er dazu, ihm Rechnung zu tragen. Jean-Pierre Destand unterscheidet zwischen gewöhnlichen Winden, vorübergehenden Winden, punktuellen Brisen, »kleinen Winden« und »geringfügigen Winden«. Er verzeichnet verschiedene Arten des »Windwissens«, der »Windkultur« der Bevölkerung. Der Wind ist oft Gegenstand von Gesprächen: Man wünscht ihn sich herbei, man erfleht ihn, oder aber man schimpft auf ihn – so kann man sowohl seine Gegenwart als auch seine Abwesenheit beklagen. Wenn er dann aufhört zu blasen, stellt sich bisweilen das Gefühl ein, es fehle etwas. Da er ja mit seinem Wehen eine Leere gefüllt hatte, bemerkt man jetzt durch die Unterbrechung eine oft belastende Stille.

Ein jeder dieser Winde löst bei körperlichem Kontakt ganz besondere Sinnesempfindungen aus, worauf wir ausführlich zurückkommen werden. Einige Winde singen, andere pfeifen; bestimmte Winde verbreiten mehr Düfte und Gerüche. Sie alle tragen zu einer vielfältigen sinnlichen Erfahrung bei, die zum Entwurf eines Landschaftsbildes beiträgt. Einige Winde können Unfälle verursachen, das weiß jeder Autofahrer. Wie Jean-Pierre Destand betont, gibt es im Grunde ebenso viele Winde wie Orte und Leute … Einer seiner Gesprächspartner versichert, dass der Wind im Fernsehen in Wahrheit gar keiner sei, denn seiner Meinung nach ist der echte Wind immer eine Frage der Helligkeit des Himmels, eine Frage des Klangs, des Geruchs – nach Meer oder nach Erde – und auch der genauen Windrichtung, und all dies könne man nun einmal nicht allein durch den Sehsinn erfahren.

Lokale Winde haben Historiker schon lange beschäftigt. Martine Tabeaud und Constance Bourtoire haben sich einer genauen Analyse ihres Einflusses gewidmet oder vielmehr ihrer Umsetzung in Kinderbüchern.[9] Denn in der Tat hat der Wind seit dem frühesten Kindesalter Einfluss auf die Phantasie. Patrick Boman wiederum hat sich darauf spezialisiert, eine Liste aller »Regenwinde« auf französischem Boden zu erstellen.[10] Und Historiker, die sich mit Windfahnen beschäftigt haben, wie etwa Jean-Pierre Richard, verfolgen wohlgemerkt dasselbe Erkenntnisinteresse wie jene, die sich der Geschichte der Windmühlen gewidmet haben.

In diesem Zusammenhang sei auf die nostalgische Erzählung einer Figur verwiesen, die Alphonse Daudet in seiner Geschichte *Le Secret de maître Cornille* (»Meister Cornilles Geheimnis«) entwirft. Damals brachten alle Bauern aus einem Umkreis von zehn Meilen ihr Korn zum Mahlen. »Zu jener Zeit«, schreibt er, »standen auf den Hügeln rings um das Dorf lauter Windmühlen. Wohin man auch schaute, auf allen Seiten drehten sich über den Kiefern die Flügel im Mistral, und man sah Scharen von kleinen, mit Säcken beladenen Eseln«. Es war eine wahre Freude, auf den Anhöhen »das Geknatter der Leintücher« zu hören. »Sonntags zogen wir in ganzen Banden zu den Mühlen hinauf, […] denn die Müller spendierten Muskatwein. […] Diese Windmühlen […] machten die ganze Lebenslust und auch den Reichtum des Landstrichs aus«.

In einem Brief an Herrn H. de Villemessant, in dem Daudet über sein Buch spricht, erzählt er von einer schlaflosen Nacht, die er in seiner eigenen alten und baufälligen Mühle verbracht hat. »Der Mistral wütete grimmig, und die lauten Salven hielten mich bis zum

Morgen wach … Die ganze Mühle krachte bei ihrem mühsamen Versuch, die drei brüchigen Flügel im Gleichgewicht zu halten, welche im Windstoß pfiffen wie die Aufbauten eines Schiffes. Die Ziegel flogen vom Dach, das sich nach und nach auflöste. Heftige Böen stürzten sich ohne Unterlass wie Sturzwellen auf die Tür, sodass sie in ihren Angeln kreischte«. Alphonse Daudet denkt dabei an Seeleute, die dem Sturm ausgesetzt sind: »Ich sagte zu mir: Vielleicht donnert ja genau dieser Windstoß, der gerade über meinen Kopf fegt, auch durch ihre Takelage und zerfetzt ihre Segel.«[11]

Auch wenn wir hier die außerordentlich große Bedeutung der lokalen Winde hervorgehoben haben, wäre es dennoch mit Blick auf unser eigentliches Thema viel zu langwierig, an dieser Stelle ganze Reihen von Verzeichnissen anzulegen. Begnügen wir uns damit, in den folgenden Kapiteln erneut auf den einen oder anderen dieser unzähligen Winde zu stoßen. Bei der Gelegenheit gelangen wir dann auch zu einem genaueren Verständnis der verschiedenen durch sie ausgelösten Sinnesempfindungen und Gefühle.

3
Die Äolsharfe. Der Wind als Stimme der Natur

Im Laufe der zweiten Hälfte des 18. Jahrhunderts dringt urplötzlich die Meteorologie in die Literatur ein, insbesondere in autobiographische Schriften: Tagebücher, Notizhefte und Briefwechsel bezeugen immer eindringlicher, wie das empfindsame Ich im Gleichklang mit der Witterung lebt und wie seine eigene Unstetigkeit die Wechselhaftigkeit des Wetters widerspiegelt. Natürlich ist auch die Geschichte des Windes Ausdruck dieser neuartigen Empfindsamkeit. Der Wind bezeichnet und versinnbildlicht die fortan wie besessen belauschten Geräusche der Natur. Insbesondere »der Sturm, das Gewitter und der Orkan erobern die Literatur als Zeichen der grundlegenden Unbeständigkeit des menschlichen Daseins«, vor allem bei der Betrachtung des Individuums in seiner Einsamkeit.[12] In diesem Sinne entsteht in Deutschland die Bewegung des »Sturm und Drang« – ein vielschichtiger Begriff, in dem »Sturm« als Bezeichnung einer Windstärke von beträchtlicher Höhe (oft von Schnee begleitet) mit dem Wort »Drang« verknüpft wird, das für Angriff, Antrieb und Schwung steht.

Ein Musikinstrument, das schnell als Offenbarung übergeordneter Phänomene gilt, gerät zum Ausdruck dieser neuen Achtsamkeit: die Äolsharfe. Zunächst handelte es sich um eine Art Möbelstück, dessen Erfindung um die Mitte des 17. Jahrhunderts Athanasius Kircher zugeschrieben wird, das sich aber erst Ende des 18. Jahrhunderts verbreitet, vor allem in Deutschland und in England. Die Äolsharfe ist ein Saiteninstrument, das vom Wind bespielt wird und Töne erzeugt, die man zu jener Zeit als Musik ansieht. Es kann verschiedenartige Formen annehmen; zumeist handelt es sich um einen Holzkasten, einen Resonanzkörper mit der Länge nach aufgespannten Saiten aus diversen Materialien. Diese kann man so einstellen, dass sie ganz bestimmte Klänge hervorbringen, jedoch fallen die Schwingungsfrequenz sowie der entsprechende Ton je nach Windgeschwindigkeit unterschiedlich aus. Mit einem Wort: Der Wind avanciert zu einem Instrumentalisten. Meistens stellt man die Äolsharfe an ein angelehntes Fenster – eine häusliche Praxis, die eine kollektive Empfindsamkeit ausdrückt.

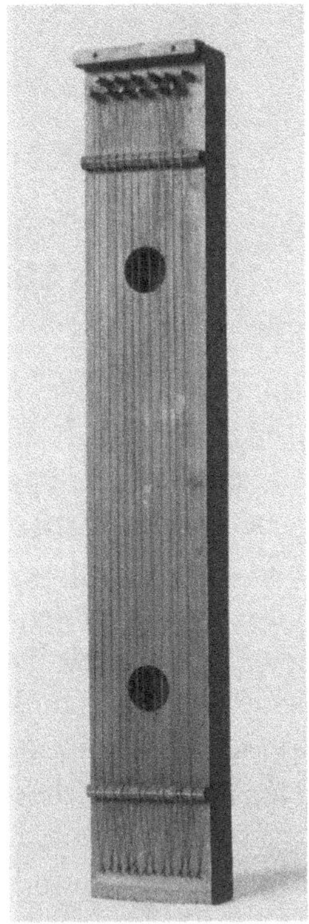

Englische Windharfe

In unserem Zusammenhang ist besonders wichtig, dass die Äolsharfe, die im Titel von Partituren wie der Etüde op. 25, Nr. 1 von Frédéric Chopin erscheint und die immer wieder besungen wird – etwa von Samuel Taylor Coleridge – letztendlich dazu dient, all die vom Wind erzeugten Laute wiederzugeben, wie sie vor allem im Wald und auf der Heide zu hören sind – und das ohne jegliches Eingreifen des Menschen. Seit der Antike schrieb man dem Gott Äolus die Eigenschaft zu, die Natur und besonders Bäume zum Klingen zu bringen. Jetzt, am Ende des 18. Jahrhunderts, versäumte es kaum ein Dichter, dieser zarten oder auch wilden »Windmusik« zu huldigen. »Die gesamte Natur verstanden als eine Weltlyra, ja als eine Äolsharfe«, schrieb kürzlich Pauline Nadrigny, »ist eine zutiefst romantische Vorstellung«[13]; so wird das Thema etwa von Novalis immer wieder bearbeitet. Im Jahre 1822 verfasst Goethe ein Gedicht mit dem Titel *Liebesschmerzlicher Zwiegesang unmittelbar nach dem Scheiden*, doch überschreibt er es schließlich mit *Äolsharfen. Ein Gespräch*, der damaligen Mode entsprechend und in dem Wunsch, den Text in seine Sammlung von Gedichten über die Stimmen der Natur aufzunehmen – und dies, obschon hier vom Wind oder von der Harfe überhaupt nicht die Rede ist.

Im März 1811 (oder 1812) wählt Maine de Biran das Thema der Äolsharfe, um seiner eigenen Empfindsamkeit Ausdruck zu verleihen: »In der Einsamkeit war ich einst ein glücklicherer Mensch: Meine Phantasie und meine Empfindsamkeit, die in den höchsten Tönen klangen, glichen Äolsharfen, deren Saiten beim leisesten Windzug erzittern und harmonische Klänge hervorbringen.«[14]

Wesentlich später, in der zweiten Hälfte des 19. Jahrhunderts, bemächtigen sich die amerikanischen Transzendentalisten, Ralph Waldo Emerson und Henry David Thoreau, des Themas. Letzterer beruft sich dabei gleichfalls auf Novalis und schreibt sich selbst eine ausgeprägte Empfänglichkeit für die »Weltlyra« zu. Im Juli 1851 erwähnt er in seinem *Journal* (»Tagebuch«) die feinsinnige Musik der »Äolsharfen« und kommt mehrfach darauf zurück, insbesondere auf jene Klänge, wie sie Telegrafenleitungen erzeugen – was im Einklang steht mit seiner Aufnahmefähigkeit für alles, das mit der Luft zusammenhängt.[15] Noch etwas später widmet Eugène Delacroix in seinem *Journal* Joseph Joubert eine lange Seite und zitiert eine Formulierung, die diesem zugeschrieben wird, da sie in einer nach seinem Tod aufgefundenen Handschrift zu lesen ist: »Ich bin wie eine Äolsharfe, die einige schöne Klänge hervorbringt und dabei doch keine Melodie spielt.«[16]

Kommen wir auf die enge Verbindung zwischen der Empfindsamkeit und dem Wind zurück. Bereits im 17. Jahrhundert bekundet Madame de Sévigné – ein damals außergewöhnlicher Fall – Stimmungsschwankungen, die sämtlich von Regen und Wind abhängen. Sie zeigt sich darüber beunruhigt, dass ihre Tochter, Madame de Grignan, jenen »grausamen Südwinden« ausgesetzt sei, »die alles umreißen und zu [ihrem] Tod führen«. Sie verabscheue bestimmte kalte Starkwinde in der Bretagne: Diese griffen ihre Gesundheit an, schreibt sie am 13. Juli 1689, und vor allem lösten sie Traurigkeit aus.[17]

Leser des Briefromans *Julie ou la Nouvelle Héloïse* (»Julie oder Die neue Heloise«) erinnern sich sicher daran, mit welchem Nachdruck Jean-Jacques Rousseau immer wieder auf den »trockenen Wind« zu sprechen kommt, der in den Augen Saint-Preux' die Natur vernichtet. Es handelt sich dabei um einen warmen Tagwind, der für den Genfer See typisch ist und der von Ost bis Nordost weht. Allerdings vollzieht Rousseau hier, wie Anouchka Vasak bemerkt, »einen Bruch zwischen der Realität der Witterung – das heißt der Außenwelt – und dem subjektiven Bewusstsein, das dem Individuum klare Konturen aufzeigt«.[18] In diesem Sinne malt der Autor, der ja als erster von einem »Stimmungsbarometer« gesprochen hatte, die oben erwähnten Wesenszüge eines »meteorologischen Ich« hier nicht vollständig aus.

Ebendies tritt dagegen in aller Deutlichkeit in den Schriften Jouberts zu Tage, von dem ja schon im Zusammenhang mit der Äolsharfe die Rede war. Dieser träumte davon, »in die Luft zu schreiben«, »direkt auf den Himmel«. Er schenkte dem guten wie dem schlechten Wetter große Aufmerksamkeit und verfügte in hohem Maße über eine »barometrische Seele«, die sich auch im Schreibprozess niederschlug, »der auf dem Prinzip der Zusammenhanglosigkeit, der Unterbrechung und der Unregelmäßigkeit beruht«[19] – und das heißt nichts anderes, als dass die Niederschrift das Modell des Windes nachahmt.

Unlängst habe ich die theologischen Grundlagen der Erfindung des »Strandes« untersucht. Die Wahrnehmung des Windes durch Doktor Russel, den führenden Urheber dieser gesellschaftlichen Erscheinung, steht unter dem Einfluss der Naturtheologie, an deren Grundsätzen er sich ausrichtet. Wenn demnach ein Sturm mittels der erkennbar aufgewühlten Fluten die Luft verbessere, sie also erneuere und damit reinige, so seien die »Seewinde von Gott zum Zwecke [...] des Schiffsantriebs geschaffen« worden und vor allem dazu, »die Reinigung des Wassers zu gewährleisten«. Auf diese Weise befreite man sich von einer Vorstellung vom Meer, die aus der Antike stammte (und auf die wir zurückkommen werden), also von dem Glauben an Äolus und die Najaden. Gleichwohl blieb für die Reisenden dieser Zeit, besonders für die Engländer, die seit zwei Jahrhunderten die sogenannte Grand Tour unternahmen, weiterhin der Wunsch vordringlich, vor Ort in Italien den großen Klassikern nachzuspüren, vor allen Dingen – unser Thema betreffend – den in der *Aeneis* beschriebenen Stürmen.

Die vom Wind ausgelösten Emotionen wurden damals also von widersprüchlichen Gegebenheiten bestimmt: von der Naturtheologie und von Versatzstücken der klassischen Antike – nicht zu vergessen die Theorie des »Erhabenen« sowie das (erst später relevante) Gewicht der Sturmschilderungen in den Werken James Thomsons und James Macphersons. Hier sei noch hinzugefügt, dass Robert Burton bereits im 17. Jahrhundert frische Luft als Heilmittel gegen Melancholie empfahl. Mitten im Jahrhundert der Aufklärung erwartet die Elite der Gesellschaft vom Meer also vor allem eine Beruhigung ihrer Ängste und eine Wiederherstellung der Verbindung zur Natur, die den Übeln der Zivilisation entgegenwirken soll.[20]

Welche genaue Stellung nimmt nun der Wind in diesem Zusammenspiel von Prozessen ein? Erste Bedingung: Der Strand muss der Gesundheit zuträglich sein, und dafür ausschlaggebend ist seine Luftqualität.[21] Diese rechtfertigt die Modeerscheinung der Reise in das Seebad Brighton, welches Doktor Russel als idealen Aufenthaltsort ausgemacht hatte. So schreibt Anthony Relhan in seiner Hymne auf den Ort: »Die hohen Felsen schützen [...] vor dem rauen Seewind und lassen allein die wohltuenden sanften Brisen zu, die Dunst und Nebel vertreiben.«[22] Im Laufe der Jahre wird diese Beachtung der Luftqualität und der vorherrschenden Winde weiter zunehmen, wohingegen von den Vorteilen des Wassers immer weniger die Rede ist. Das Wichtigste ist jetzt die gesunde Atmung, weshalb Ärzte den Frauen für den Nachmittag nach dem Bad einen kurzen Spaziergang in den Dünen verordnen, damit sie frische Luft einatmen. Diese Empfehlungen entsprechen jenen der Schweizer Ärzte, die zum selben Zeitpunkt beginnen, die Überzeugung vom Nutzen der »Luftkur« zu vertreten.

In England richten sich derartige Ratschläge speziell an die *invalids*, das heißt, an kränkelnde Personen, die in der Hoffnung auf Genesung in Scharen an die Küste strömen. Einer von ihnen, der Baronet Townley, hat zum Glück sein Tagebuch veröffentlicht, das er während eines einjährigen Aufenthalts auf der Isle of Man verfasst hat, wo er seine Gesundheit wiederherzustellen gedachte. Dieser wahre Virtuose der *Coenaesthesis*, der

Bereitschaft zur Verschmelzung mit der Natur mittels der Sinneseindrücke, ist im Laufe des Jahres 1789 an diesen Ort gekommen, um Seeluft zu atmen. Seine Aufmerksamkeit richtet sich vor allem auf die Luftqualität und den Wind. Jeden Tag bemüht er sich aufs Neue, mit größtmöglicher Genauigkeit den Einfluss des Windes auf Leib und Seele zu erfassen. So heißt es, dieser könne entweder »angenehm«, »sanft« und »wohlriechend« sein oder aber »rau« und »unerquicklich«. Mehr als alles andere schätzt er die »laue Brise«, die über das Meer streicht. In seinen Augen ist der köstlichste Augenblick des Tages jener, an dem »mit sanftem Plätschern« die Flut einsetzt, oft begleitet von einer frischen Brise, die von der offenen See her weht. Er unternimmt etliche abwechslungsreiche Ausflüge, und zwar stets zu Fuß. Nach dem Aufstehen »schöpft er Morgenluft« am Strand, auf der Suche nach der »frischen Brise […], die das auflaufende Wasser an Land trägt«; dies ist beispielsweise am 4. August 1789 der Fall. Er verzeichnet den Einfluss des Windes auf seine Atmung; so öffnet er gewöhnlich früh morgens die Fenster in der Hoffnung, auf diese Weise seinen Appetit anzuregen.

Vor allem liebt der Baronet Townley die Frische. Am Ende seines Buches stimmt er eine Lobeshymne auf die Isle of Man an: Ein jeder *invalid* finde hier eine Vielzahl von kleinen Felsenbuchten und ruhigen, windgeschützten Winkeln für ein Bad im Meer. Ein solches spielt, so sei hier wiederholt, in dieser Gefühlsstrategie eine entscheidende Rolle, denn es setzt den Einsatz sämtlicher Sinnesorgane des Menschen voraus, der allem und jedem Aufmerksamkeit schenken soll – diversen Ausdünstungen, kaum wahrnehmbarem Plätschern und selbst der leisesten Brise.

Sehen wir uns die Emotionen jener wetterfühligen Personen genauer an, die Spuren hinterlassen haben, die also in ihren Schriften über sich Auskunft geben. Wohlgemerkt gehört Bernardin de Saint-Pierre in diese Kategorie, und wir haben bereits auf seine Empfindungen hingewiesen, die durch die Überzeugung vom weit entfernten Ursprung des Wettergeschehens ausgelöst wurden. In seinen *Études de la Nature* (»Naturstudien«) beteuert er nun sein »Vergnügen an schlechtem Wetter«, beispielsweise am strömenden Regen, wenn, wie er schreibt, »ich das Brausen des Winds höre, das sich unter das Prasseln der Regentropfen mischt. Diese melancholischen Geräusche befördern mich des Nachts in einen ruhigen und tiefen Schlaf«. Und Bernardin de Saint-Pierre erläutert diese Stimmung noch genauer, indem er gesteht: »Das Gefühl für das menschliche Leid beruhigt sich dadurch, dass ich den Regen zwar sehe, aber selbst davor geschützt bin; *dass ich den Wind höre, aber selbst in meinem warmen Bett liege.* Dann genieße ich ein negatives Glück.« Hinzu kommen in seinen Augen einige der »Attribute der Gottheit, deren Wahrnehmung unserer Seele so viel Freude beschert, wie etwa jenes der unermesslichen Weite, *die das entfernte Raunen des Windes erahnen lässt*«. Etwas weiter bezieht Bernardin de Saint-Pierre diese Geräusche in die Beschreibung der Tageszeiten mit ein, wie sie damals von Malern und Dichtern verherrlicht wurden: »der Sonnenaufgang, das Säuseln des Windes, der Sonnenuntergang und die Finsternis der Nacht«[23].

Kommen wir nun ausführlicher auf andere wetterfühlige Autoren zu sprechen, von denen wir wissen, welche Aufmerksamkeit sie dem Wind schenkten. Chateaubriand spricht in seinen *Mémoires d'outre-tombe* (»Erinnerungen von jenseits des Grabes«), aber auch in *René* und in seinen Reiseberichten vom Einfluss des Windes auf sein Leben. Er schreibt: »Ich wuchs auf als Gefährte des Windes und der Fluten: Ich fand Vergnügen daran, gegen den Sturm anzukämpfen.« Im Combourg seiner Kindheit, so erinnert er sich, »hatte man stets das Rauschen des Windes in den Ohren«. Als er im Alter von siebzehn Jahren mit seiner Schwester Lucile spazieren ging, »liefen wir nebeneinanderher und hörten dem Wind zu, wie er durch die kahlen Bäume pfiff«. Etwas weiter gesteht er: »Ich habe immer den Herbst geliebt: den Regen, den Wind, den Raureif«. Als er später vom Wahn umfangen in seinem Schlafzimmer lag, »trugen mir die Böen des Nordwinds nur die Stoßseufzer der Lust zu«, wie er schreibt. Als er sich später einmal »in den tiefen Wald« begibt, wandert er aufs Geratewohl los und »umarmt dabei den Wind, der sich mir doch entzog.«[24]

René ist zwar ein Roman, dennoch kann man davon ausgehen, dass er autobiographische Züge trägt. Als René nach seiner Rückkehr aus Italien allein in der Bretagne weilt, während sich Amélie – in Wahrheit Lucile – in Paris aufhält, gesteht er: »Ich umarmte sie im Wind« und fügt hinzu, dass »die Töne, die die Leidenschaft in der Leere eines einsamen Herzens erzeugt, dem Gemurmel des Windes und des Wassers in der Stille einer Wüste gleichen«. Es folgt das berühmte »Zieht auf, ersehnte Gewitter« (»Levez-vous, orages désirés«), ausgerufen, während René in großen Schritten und »mit glühendem Gesicht« voranschreitet, wobei, so heißt es, »der Wind in meinen Haaren pfiff«. Letztendlich schienen ihm seine Tränen »weniger bitter zu sein, indem ich sie über Felsen und im Wind vergoss«. Es versteht sich von selbst, dass sich in alledem der Einfluss der Dichtkunst Ossians ausdrückt, auf die wir noch ausführlich zurückkommen werden, denn die Auseinandersetzung mit dem Wind wie auch die Musik des Orkans und das Motiv der Tränen gehören zu den vorgegebenen Versatzstücken der ossianischen Literatur. Eben dies erklärt René bei seiner Beschreibung des »Sturmmonats«: »Ich wäre gerne einer dieser Krieger gewesen, die inmitten der Winde, der Wolken und der Gespenster kämpften.«[25]

Nichtsdestoweniger sind Maine de Biran und Maurice de Guérin jene beiden Franzosen, die uns bei der Lektüre ihrer Werke die ausgeprägteste Wetterfühligkeit aufzuweisen scheinen. Andernorts habe ich bereits auf die Genauigkeit hingewiesen, mit der die täglichen Eintragungen zu Regen, Wind und Sonnenschein im *Journal* (»Tagebuch«) des ersteren erfolgen.[26] Bei Maine de Biran, der stets von dem besessen war, was er als »Besorgnis« bezeichnete, hat die jeweils vorherrschende Witterung einen entscheidenden Einfluss auf seine Stimmung, seine Motivation und seine Melancholie.

So etwa am 12. Februar 1813: »Ein schöner Tag […], warmer Südwind«; und am folgenden Tag: »Regen.

Südwestwind (Sturm). Ich bin im Zustand der Ängstlichkeit und der Niedergeschlagenheit aufgestanden«; jedoch am übernächsten Tag, am 14. Februar: »Regen, Wind, mildes Wetter«. An den drei folgenden Tagen ist der Wind im *Journal* allgegenwärtig. Manchmal nennt Maine de Biran sogar die Temperatur des Windes. So am 28. Februar: »Kalter Wind«, weshalb, wie er bemerkt, »die innere Unruhe anhält. Ich fühle mich mir selbst unterlegen.«

Es wäre zu langwierig, hier noch mehr Einträge dieser Art anzuführen. Bisweilen wird die Wetterlage noch genauer geschildert: so etwa am 14. April 1815 bei schönem Wetter, als gleichwohl »ein kalter Wind weht [...]. Die Luft hat ihre Milde eingebüßt; die Frühlingsluft ist verschwunden: Dieser Wetterwechsel [...] hat meine geistige Verfassung beeinflusst. Ich bin in mich gekehrt, leidend und kaum zur Arbeit aufgelegt«. Im Laufe der Monate Mai und Juni verzeichnet Maine de Biran häufig den jeweils herrschenden Wind und notiert, ob er von Regen oder schönem Wetter begleitet wird. So am 16. des zweiten dieser Monate: »Wechselhaft, starker Wind. Den ganzen Tag lang fühlte ich mich nicht gut.«[27] In seinem *Journal* bestimmen das Vorhandensein oder aber die Abwesenheit von Wind großenteils seine Stimmung, seinen Gesundheitszustand, den Grad seiner Verschlossenheit und seine Neigung zur Nachdenklichkeit beziehungsweise Besinnlichkeit.

Claude Reichler betont die Wechselhaftigkeit, die Unregelmäßigkeit, die innere Rastlosigkeit und die Unvorhersehbarkeit, die Maine de Brian kennzeichnen;[28] und eben diese Merkmale machen auch den Wind aus. Dazu sei angemerkt, dass der Autor des *Journal* ursprünglich der »medizinischen Verfassung« der Gegend von Bergerac angehört, und wir kennen ja die Bedeutung des Windes innerhalb dieser Textgattung.

Auch wenn unsere obigen Ausführungen die Empfänglichkeit Maine de Birans für das Wesen der verschiedenen Winde gezeigt haben, wird diese von ihm doch nur unvollständig erklärt. Bei Maurice de Guérin sieht das Verhältnis zu den Luftbewegungen völlig anders aus. Es scheint mir, als sei dieser junge Romantiker derjenige, der die Auswirkungen des Windes auf das Ich am gründlichsten analysiert. Daher werden wir ihm noch etwas mehr Aufmerksamkeit schenken als Maine de Biran.

Am 23. Mai 1833 definiert Maurice de Guérin in einem an seinen Freund Raymond de Rivières gerichteten Brief mit großer Präzision seine Wetterfühligkeit:

> »Unglücklicherweise unterliegt meine seelische Verfassung den Einflüssen der Atmosphäre, selbstverständlich nur geringfügig; aber wie geringfügig auch immer diese Wirkung der Atmosphäre ausfällt, sie stellt für mich an düsteren und regnerischen Tagen gleichwohl eine Belastung dar, und wenn der Himmel dann aufklart, verspüre ich eine Erleichterung, ich fühle in mir eine Heiterkeit, eine starke Neigung zur Fröhlichkeit, die die tiefste Traurigkeit und Melancholie oft verscheucht.«[29]

Der Wind oder vielmehr die Winde, »diese großartigen Atemstöße, die von einem unbekannten Mund ausgehen«, sind – und dies ist für uns der entscheidende Punkt – ausschlaggebend für die körperliche Befindlichkeit. Was Maurice de Guérin als »Stimme der Natur« betrachtet, »hat eine derartige Macht über mich«, gesteht er, »dass es mir nur selten gelingt, mich von der ständigen Besorgnis freizumachen, die diese mir aufzwingt«. Es folgt ein Satz, der einer Begriffsbestimmung des Erhabenen gleichkommt:

> »Um Mitternacht vom Gebrüll des Sturms aufzuwachen, in der Finsternis von einem wilden, zornigen Blasorchester überfallen zu werden, welches das friedliche Reich der Nacht erschüttert, ist etwas Unvergleichliches im Bereich der wundersamen Sinneseindrücke; es bedeutet Lust inmitten des Entsetzens.«[30]

Maurice de Guérin und einer seiner Freunde haben die Erfahrung gemacht, einem Wind ausgesetzt zu sein, der »wütet wie eine Furie«. Guérin beschreibt das, was er als einen »seltsamen Kampf« bezeichnet, und dieser gehört wiederum in die Kategorie des Erhabenen, wie es zuvor von Edmund Burke und dann Immanuel Kant definiert worden war. Die beiden Freunde »befinden sich auf dem Kamm einer Felswand [in der Bretagne] und werden vom heftigen, wütenden Wind durchgeschüttelt wie Laub«. »Wir standen dort mit vorgebeugtem Oberkörper und breit ausgestellten Beinen, um unsere Standfläche zu vergrößern und mehr Widerstand leisten zu können, und unsere Hände klammerten sich an unsere Hüte, um sie auf dem Kopf zu behalten.« Diese beiden »Lebewesen von einer Größe von fünf Fuß [...], die von der Kraft des Windes wie Blattwerk durchgeschüttelt wurden«, erlebten damals »einen jener Augenblicke, der zugleich erhabene Aufregung und tiefe Träumerei ist und an dem sich die Seele und die Natur in ihrer ganzen Größe gegenübertreten.«[31]

Wir kämen nie an ein Ende, wollten wir alle Textstellen und alle dem Wind gewidmeten Kommentare im Werk Maurice de Guérins aufspüren, die eine derart augenfällige, lebenslange Wetterfühligkeit offenbaren. Zitieren wir noch einen Text, der vermutlich zu lang erscheint, der allerdings mit ganz besonderer Eindringlichkeit vorführt, was der Wind in diesem noch jugendlichen Gemüt auszulösen vermochte. Es handelt sich um die Schilderung des Wetters vom 1. Mai 1833:

> »Gott, ist das traurig! Wind, Regen und Kälte [...]. Heute habe ich nichts anderes gesehen als Regenschauer, die einer nach dem anderen wie große Säulen durch die Luft ziehen und die ein irrer Wind schonungslos vor sich her scheucht. Ich habe nichts anderes gehört als das Heulen eben dieses Windes, der rund um mich herum unheilverkündende Klagelaute ausstößt, woher er diese auch immer nehmen mag. Er erscheint mir wie der Hauch des Unglücks, des Unheils, allen Leids, das vermutlich in unserer Atmosphäre schwebt. Er bringt unsere Wohnstatt ins Wanken und stimmt vor unseren Fenstern seine

> schaurigen Weissagungen an. Dieser Wind, welcher auch immer es sein mag, wühlte mit seiner geheimnisvollen Kraft zugleich so jämmerlich meine Seele auf und erschütterte draußen die Natur durch seine physische Einwirkung, vielleicht auch noch durch etwas ganz Anderes: Denn wer weiß, ob wir das ganze Ausmaß der Beziehungen und des Austausches zwischen den Elementen kennen? Ich habe durch meine Fensterscheiben gesehen, wie dieser Wind in den Bäumen toste und sie zur Aufgabe zwang. […] An solchen Tagen wird tief in meiner Seele, in ihrem Innersten, in ihrem eigentlichen Wesen, eine Art ganz sonderbarer Verzweiflung offenbar; sie fühlt sich an wie eine gottlose Verlassenheit und Finsternis. Mein Gott, wie kommt es, dass meine Ruhe durch die Geschehnisse in der Luft gestört wird und dass mein Seelenfrieden derart den Launen des Windes ausgeliefert ist […] Ich bin zum Spielzeug geworden von allem, was auf Erden weht.«[32]

Dies lässt bei mir den Gedanken aufkommen, dass die Worte Maurice de Guérins – von einer breiteren Leserschaft zu Unrecht vergessen – gemeinsam mit jenen Victor Hugos die faszinierendsten Zeilen sind, die je über den Wind geschrieben wurden, sowohl über seine Auswirkungen auf die Natur als auch über seinen Widerklang in der Seele; vergessen wir jedoch nicht, dass in diesen Texten eine Gegebenheit nur flüchtig erwähnt wird: nämlich jene, dass der Wind ein unlösbares Rätsel darstellt.

4
Neuartige Erfahrungen mit dem Wind

Am Sonntag, den 13. Juli 1788 wütete in Westeuropa das größte Unwetter seit Menschengedenken und breitete sich in entlang eines durchgehenden Streifens von der Gegend um Tours bis ins österreichische Flandern aus. Das Gewitter zog mit einer ungeheuren Geschwindigkeit von Südwesten nach Nordosten. Nachdem es um 6 Uhr 30 in der Touraine verzeichnet worden war, erreichte es Rambouillet um 8 Uhr und Pontoise um 8 Uhr 30. Hier sei erneut darauf hingewiesen, dass wissenschaftliche Erklärungen für eine solche Katastrophe damals vollständig fehlten.

Das Unwetter vom 13. Juli 1788 wirkt wie ein wahrer Überfall. Henri-Alexandre Tessier, Mitglied der königlichen Akademie der Wissenschaften und einer der drei wichtigsten Autoren, die Berichte darüber verfasst haben, macht den Wind als hauptsächlichen Verursacher des Desasters aus:

> »Der Wind, der einem festgelegten Plan zu folgen scheint, wirkt wie eine unsichtbare, unheilbringende Person. Er ist der Akteur, der alles angeführt, erledigt und mitgeschleift hat. Er wirbelte herum, verschob die Wolken und verbog die Bäume, weshalb man

> glaubte, er blase von verschiedenen Seiten [...]. Er zog über tiefe Täler und Höhen hinweg, über Wälder und breite Flüsse, insbesondere die Loire und die Seine, und er sorgte dafür, dass es hagelte, und zwar in Landstrichen, in denen sonst fast nie Hagel fällt. Alles wurde begraben, zerhackt, beschädigt und entwurzelt: Dächer wurden abgedeckt, Fensterscheiben zerbrochen, Kühe und Schafe getötet oder verletzt. Obst fiel herunter, Gemüse [wurde] kleingehackt, Vögel und sogar Schafe sind umgekommen.«[33]

Das »Unwetter« hinterließ ein »verwüstetes«, »zerstörtes« Land. Es erschien manchem wie ein »wahrer Weltuntergang«. Der »Angriff« des Windes traf besonders die Schlösser. Je prächtiger die Anwesen waren, desto spektakulärer fiel die Zerstörung aus. So im Schloss Rambouillet, das die Zeitzeugen besonders hervorheben. Es wird berichtet, dass 11 749 Fliesen zerbrochen, zahllose Ziegel und Schieferplatten »zerstoßen« und »Firstbalken im Putz der Wände gewälzt« worden waren.

Wohlgemerkt sollte der Sturm vom 13. Juli 1788 später in einem Symbolisierungsprozess als Vorzeichen der Französischen Revolution gedeutet werden; diese wurde dann begriffen als eine »gewittrige Störung, die aus eigener Kraft heraus entsteht und sich ausbreitet«[34]. Die »Große Angst« (»Grand' peur«) der ersten Revolutionsjahre, deren Verlauf dem des Unwetters ähnelt, wurde mit diesem in Zusammenhang gebracht.

Anouchka Vasak analysiert dieses Ereignis in aller Gründlichkeit. Der Sturm hat ihrer Auffassung nach zur Einführung eines anderen Raumbegriffs geführt, das heißt zu der neuartigen Vorstellung, nach welcher der Raum kein fester, stabiler Gegenstand mehr war. »Die Zertrümmerung der Schlossfenster«, schreibt sie, »verweist auf jene der Weltordnung, zu einem Zeitpunkt, an dem die Philosophie und die Physik mit der Erfassung einer Realität begannen, deren grundlegende Unordnung sie erkannten.«[35]

Damit ist klar, dass der Rolle des »entfesselten Windes«, seinem Angriff auf die Gesamtbevölkerung mitten im Land eine Bedeutung zukommt, die in meinen Augen zugleich größer, realer, symbolischer und metaphorischer ist als jene des Seesturms, der damals von den Malern bis zum Überdruss abgebildet wurde.

Die zweite Hälfte des 18. Jahrhunderts kennt eine Vielzahl von großen Seefahrten. Es ist die Zeit der Segelschifffahrt, deren Ziel es ja ist, den Wind aufzufangen. Allein schon aus diesem Grund müssten diese Abenteuer im Zentrum unseres Buches stehen. Dies soll allerdings nicht der Fall sein. Die Reiseberichte der großen Weltumsegler – ob es sich nun beispielsweise um Louis Antoine de Bougainville oder um James Cook handelt – verweisen zwar ohne Unterlass auf die Winde und die durch sie bedingten Navigationstechniken. Doch lassen diese Texte erkennen, dass man die verschiedenen Winde nicht versteht und auch kaum kennt – von den Passatwinden und einigen regionalen Winden einmal abgesehen – und dass auch nichts oder fast nichts über einen möglichen Wunsch nach einem besseren Verständnis geäußert wird, und dies trotz des Einsatzes von Orientierungs- und Messinstrumenten.

Das Lesen von Seekarten hat zu jener Zeit vor allem den Zweck, die genaue Lage möglicher Zufluchtsorte auszumachen, um sich im Gefahrenfall in Sicherheit bringen zu können.

Was wir aus diesen Berichten erfahren, betrifft lediglich die alltägliche Berührung mit dem Wind: Er ist es, der stets den Kurs bestimmt, ob er ihn nun ermöglicht oder verhindert. Die Schiffe sind den Winden völlig ausgeliefert, denn diese entscheiden über den Zeitpunkt des Auslaufens. Hinweise auf Merkmale und Risiken, die sie mit sich bringen, wiegen schwer bei der Festlegung des Kurses. Im Verlauf der Fahrt fürchtet man »Windböen« und mehr noch Orkane. »Widriger Wind« behindert die Weiterfahrt, und »Gegenwind« zwingt zum Kreuzen. Umgekehrt schätzen es Seeleute, wenn sich der Wind beruhigt, wenn er stetig die Segel bläht, »gut« und »günstig« ist und es ermöglicht, »vor dem Wind zu segeln«.

Während der Überfahrt erfordern die Winde höchst komplexe Manöver, die das Ziel haben, das Segelwerk der Art des Windes anzupassen. Doch bei all den hier aufgeführten Unternehmungen sind die Neuerungen begrenzt, denn sie beschränken sich auf den technischen Fortschritt beim Schiffbau und bei der Takelage. Wenn man die Erzählungen der damaligen Seefahrer liest, erkennt man nur eine einzige bemerkenswerte Veränderung, anders als man es für etliche literarische Werke feststellen kann, die bei der Beschreibung des Windes der Phantasie zum Ausdruck verhelfen (worauf wir zurückkommen werden): Diese einzige Veränderung liegt darin, dass die Seefahrer die »äolische«

Namensgebung der Antike aufgegeben haben, denn von Boreas, Zephyros, Euros und Notos ist jetzt nicht mehr die Rede.

Aus dem Voranstehenden ergibt sich, dass ein Leser dieser Reiseberichte von Seefahrern seitenweise langweilige Darstellungen erdulden muss, die vor allem sich ständig wiederholenden Segelmanövern gewidmet sind. Hier sind neuartige Erfahrungen mit dem Wind also nicht zu finden. Zwar gibt es über das gesamte 19. Jahrhundert hinweg natürlich offenkundige Fortschritte bei den Klippern, doch tragen diese seltsamerweise nur wenig Neues zu unserem Thema bei.

Lauschen wir Bougainvilles Bericht, wie er 1767 und 1768 die Magellanstraße ansteuerte.[36] Die Abhängigkeit vom Wind, die Art und Weise, wie dieser den Seeleuten seinen Rhythmus aufzwang – nichts von alledem fehlt hier. So am 2. Dezember 1767:

> »Seit dem Nachmittag des 2., als wir das Jungfrauenkap und dann Feuerland sichteten, hinderten uns der Gegenwind und das Schlechtwetter mehrere Tage nacheinander an der Weiterfahrt. Wir kreuzten zunächst bis zum 3. um 6 Uhr abends, als der Wind sich gedreht hatte und es erlaubte, die Einfahrt zur Magellanstraße anzusteuern. […] Um halb acht Uhr legte sich der Wind vollständig, und die Küste versank im Dunst; um 10 Uhr frischte es auf, und wir verbrachten die Nacht mit Kreuzen. Am 4. um 3 Uhr morgens eilten wir mit einem guten, frischen Nordwind auf das Land zu …«

Einen Monat später hat man es mit einem Orkan zu tun.

> »In der Nacht vom 21. auf den 22. [Januar 1768] hatte es eine Zeit der Flaute gegeben; es schien, als wolle uns der Wind nur deshalb diesen Augenblick der Ruhe gönnen, um derweil seine ganze Wucht aufzubauen und mit um so größerem Ungestüm über uns hereinzubrechen. Ein fürchterlicher Orkan fiel urplötzlich von Süd-Südwest ein und tobte mit einer Gewalt, die selbst die erfahrensten Seeleute verwunderte.«

Dabei sei der Verweis auf folgende Erinnerung hervorgehoben:

> »Die beiden Schiffe trieben im Sturm: Wir mussten den großen Anker auswerfen und die Rahen und den Toppmast einholen; unser Besanmast wurde auf seinen Geien davongetragen. Dieser Orkan dauerte glücklicherweise nicht lange. Am 24. beruhigte sich das Wetter.«

Bougainville schließt aus diesen unvorhergesehenen Ereignissen, dass für eine Umrundung der Spitze Südamerikas letzten Endes die Route über die Magellanstraße jener über Kap Hoorn vorzuziehen sei.

Der Ballon, ein »Spielball der Lüfte«

Auf den ersten Blick scheint es, als hätte die wichtigste der neuen Erfahrungen mit dem Wind gegen Ende des 18. Jahrhunderts, als ja aus den verschiedensten Gründen – wie wir erläutert haben – die Luft in Mode war,[37] jene der Ballonfahrer sein müssen. In Wahrheit verlief die Geschichte jedoch etwas anders.

Sicherlich ist es für lange Zeit – bis zur Erfindung des steuerbaren Ballons – der Wind, der den Ballon lenkt: Einem feststehenden Ausdruck zufolge ist der Ballon ein »Spielball der Lüfte«. Mehr noch als ein Segler auf See empfindet der Ballonfahrer die Winde also als entscheidende Faktoren seines Erlebnisses. Doch wenn man die Berichte dieser frühen Abenteurer des Fliegens liest, dominiert vielmehr die Beobachtung der Fortbewegung durch ein Luftmeer – das Alexander von Humboldt erwähnt und sehr lückenhaft beschrieben –, welches bis zu diesem Zeitpunkt vollständig unbekannt war. Der Traum des Ikarus, der bis in die graue Vorzeit zurückreicht, war ja noch niemals Wirklichkeit geworden. Diese gänzlich neuartige Fahrt durch die Lüfte verdrängt folglich das Thema und die Erforschung der Winde, zumal sie ja selbst auch Emotionen beförderte.

Zudem wurde der leere Raum am Ende des Jahrhunderts der Aufklärung nicht mehr ausschließlich und grundsätzlich negativ gesehen.[38] Es wurde möglich, ihn um seiner selbst willen zu betrachten, aus dem Gedanken heraus, dass er das Individuum von der Überfülle der Zivilisation kurieren könne. Aus dieser

Sicht stellt die Luftfahrt in erster Linie eine »Auseinandersetzung mit dem leeren Raum, mit einer dynamischen Leere« dar; und die Aufmerksamkeit, die sich auf den Wind richtete, wich folglich jener, die man dem Vakuum widmete. Und dies umso mehr. wenn die Fahrt durch die Lüfte, sobald sich der Erdboden einmal nicht mehr erblicken ließ, zu einer Reise ohne jedwede Orientierung geriet. Nun wurde aber eine jegliche Reise, ob zu Wasser oder zu Lande, durch Markierungspunkte gesteuert, gerade durch solche, die die Windrichtung vorgab. Schlussendlich unterband die unstoffliche Natur des Luftraums die bewusste Wahrnehmung der Flugbewegung und führte dazu, dass »man sich in der unendlichen, unermesslichen Weite verloren fühlte«. Die Empfindung einer »unbegrenzten Geschmeidigkeit« verleitete dazu, den Antrieb der Bewegung, das heißt den Wind, außer Acht zu lassen. Überdies stellte der Flug in den Augen der ersten Ballonfahrer – von wenigen Ausnahmen abgesehen – einen Bruch mit der Vorstellung vom göttlichen Himmelszelt dar.

Diese Verflechtung von Religion und Wissenschaft sollten wir bei der Betrachtung der frühen Luftfahrt nicht unberücksichtigt lassen. So gab es Ballonfahrer, die berichteten, sie hätten sich wie zwischen Erde und Paradies gefühlt, verloren in einer rein immateriellen Welt, als ob der Ballon »einen Eintritt des Körpers in die Unendlichkeit« erlaube.[39] Dessen ungeachtet bestätigte die Ballonfahrt zugleich, dass ein Himmelsgewölbe zwischen den Sphären des Kosmos und dem irdischen Himmel nicht existierte.

Diese Überlegungen erklären auch die Ergriffenheit, über die nach den ersten Ballonflügen jene berichten, die daran beteiligt waren. Mehr noch als der Eindruck, den Wind auf ganz neue Weise zu verspüren, war es zuallererst der Anblick der Erde, der Faszination auslöste, all der Dinge, die man in der Tiefe entdeckte. Die Luftschiffer als Betrachter eines ausgedehnten Panoramas bekundeten, sie seien beeindruckt gewesen von der Einsamkeit der himmlischen Gefilde, von der Stille der Nacht und der geräuschlosen Fortbewegung.

Im Übrigen betreffen die hauptsächlichen Emotionen, über die die frühen Ballonfahrer berichten, auch ihre innersten Gefühle, zuallererst eine gewisse Euphorie, die – wie man erst später weiß – durch den Sauerstoffmangel der Luft hervorgerufen wird. Die Ballonfahrt, die auch eine Flucht vor den irdischen Gerüchen beziehungsweise »Miasmen« ist, hatte eine veränderte Atmung zur Folge, von der man glaubte, sie harmoniere besser mit dem Universum. Vergessen wir nicht den therapeutischen Wert, der damals der Luft und der Höhe zugeschrieben wurde, da erstere, so glaubte man, an Reinheit zunahm je höher man aufstieg. Zudem erklärte man die Tatsache, dass Ballonfahrer kälteunempfindlicher wurden, dadurch, dass man sich ja in einem Ballon *mit* dem Wind fortbewegt, während man ihm im Hochgebirge des Öfteren frontal gegenübersteht.

Und noch eine weitere Überzeugung aus dieser Zeit interessiert uns: Die Frische und die Qualität der Luft werden offenbar durch die stetige Bewegung des Ballons garantiert; dies übt eine belebende Wirkung aus, vor allem durch die Empfindung, die über die Haut vermittelt wird. Kurzum, die Ballonfahrer betonen in ihren Erzählungen die Verquickung einer moralischen und einer physischen Reinheit des Himmels und die Vorstellung, dass die stetige Bewegung innerhalb des Luftmeeres Körper und Geist reinigt.

Nichtsdestoweniger ging der Aufstieg selten ohne körperliche Beschwerden vonstatten: Die ersten Ballonfahrer verspürten Trunkenheit, Schwindel und Atemprobleme oberhalb einer bestimmten Höhe. Mitte des 19. Jahrhunderts sollte Paul Bert all diese verhängnisvollen Auswirkungen der Höhenluft erklären, indem er nachwies, dass sie dem Sauerstoffmangel entspringen.

Nun erreichten die ersten Ballons sehr bald eine erhebliche Höhe. Schon am 1. Dezember 1783 kam ein Ballon auf 3 000 Meter Höhe, und 1785 überschritt man die 5 000 Meter. Diese Heldentaten entsprachen dem eisernen Willen zu einem immer höheren Aufstieg und erfüllten den tiefen Wunsch nach einer Eroberung des Luftraums, nach einer Herausforderung der Naturelemente und einer Auseinandersetzung mit dem leeren Raum.

Während er orientierungslos im Luftmeer umherirrt, lässt sich der Ballonfahrer gänzlich von der Luft beherrschen. Er fühlt sich verloren und der Gnade der Winde ausgeliefert. Daher rührt der Eindruck von Ruhe und Sanftheit, welche die oft als heilig empfundene Stille begleitet.[40]

In Frankreich stellt die Veröffentlichung des Buches *L'Atmosphère. Description des grands phénomènes de la nature* (»Die Atmosphäre. Beschreibung der großen Naturphänomene«) von Camille Flammarion im Jahre 1872 einen Wendepunkt dar. Dank seines populärwissenschaftlichen Werks erfährt eine breitere Leserschaft von den Empfindungen der Ballonfahrer. Generell übertreffen die Erlebnisberichte der Ballonfahrer in der zweiten Hälfte des Jahrhunderts jene der Pioniere sowohl an Genauigkeit als auch an Beredsamkeit. Außerdem nimmt auch die Zahl der Erfahrungen von Privatleuten weiter zu.[41]

So ging Guy de Maupassant jeweils im Sommer 1887 und 1888 zweimal an Bord eines Ballons, der auf den Namen *Le Horla* getauft wurde in Anlehnung an seine gleichnamige phantastische Erzählung. Und er berichtet über diese beiden von ihm »Luftexpeditionen«[42] genannten Fahrten, von denen die erste Richtung Belgien, die zweite in die Umgebung von Paris führte. Was können wir für unsere Belange daraus festhalten? Gegenüber dem verächtlichen Émile Verhaeren, in dessen Augen eine Reise in einem »fliegenden Korb« nichts anderes bedeutet als sich als »Sklave des Windes« zu unterwerfen, gibt sich Maupassant etwas rätselhaft: »Während einer Ballonfahrt«, schreibt er, »spürt man nichts; man treibt dahin, man steigt auf, man fliegt, man gleitet«. Kein Wort zunächst über die vom Wind vermittelten Eindrücke. Dennoch ist es sich der Schriftsteller, der bei dieser Gelegenheit zum Reporter wird, wohlgemerkt schuldig, die ganze Bandbreite seiner Gefühle darzulegen: »tiefes, nie zuvor verspürtes Wohlbefinden«, »unendliche Ruhe, von einem vollständigen Vergessen, von einer großen Gleichgültigkeit«, »lautlose Fortbewegung, ohne jede Erschütterung, ohne jede Vibration«.

Gleichwohl konnte der geübte Segler, der auf Strömen und Flüssen unterwegs war, den Wind nicht völlig unbeachtet lassen. Diesbezüglich fasst er alles in einer messerscharfen Formulierung zusammen und schreibt bei seiner Begriffsbestimmung des Ballons: »Riesiges Spielzeug, frei und doch gelehrig, das mit einer erstaunlichen Empfindlichkeit gehorcht, *das allerdings auch – und sogar vor allem anderen – ein Sklave des Windes ist, dem wir keine Befehle erteilen können.*« Sodann begeistert sich Maupassant (und hat den Wind schon wieder vergessen): »Wir schweben in einer köstlichen Trägheit durch den Raum. Die Luft, die uns trägt, hat uns zu Ihresgleichen gemacht, zu stummen, fröhlichen und verrückten Wesen«; »wir haben keinerlei Bedauern, Pläne oder Erwartungen mehr«.

Bei seiner Rückkehr kommt Maupassant erneut auf den Wind zu sprechen: In Bodennähe könne man die Geschwindigkeit des Ballons ermessen, der so schnell davonziehe wie der Wind, den man jetzt wahrnehmen könne; »und jetzt gerade höre ich«, schreibt er, sich aus dem Korb lehnend, »das laute Rauschen des Windes in den Bäumen und auf den erntereifen Feldern ... Ich sage zum Kapitän Jovis [der ihn zu dem Abenteuer überredet hatte]: ›Wie das bläst!‹« Und als dieser widerspricht: »Ich beharre darauf, denn ich vertraue auf meine Ohren, die ihn gut kennen, den Wind, weil ich sein Pfeifen in den Tauen so oft gehört habe.«

Dieser Erlebnisbericht über die Erfahrung mit dem Wind aus einem Ballon heraus bestätigt unsere obigen

Bemerkungen: Der Wind ist der Hauptantrieb des Apparats, allerdings vermittels einer Stille, einer Sanftheit, eines Fließens, einer Reinheit, die ihn beinahe vergessen lassen; bis die Nähe zum Boden sein lautes und bedrohliches Wehen wieder hörbar macht, das wie bei einer aufgewühlten See die Gefahr des Untergangs und des Todes zu verkünden scheint.

Der Sandsturm in der Wüste

Der Sandsturm in der Wüste war ein seit der Antike bekanntes Phänomen: So wird er etwa bei Herodot erwähnt. Im Jahre 1730 widmet ihm James Thomson eine ergreifende Seite innerhalb seiner Beschreibung des Sommers in seiner Gedichtsammlung *The Seasons* (»Die Jahreszeiten«).[43] Doch im 19. Jahrhundert gibt es erstmals eine Vielzahl von Reisenden, die damit überwältigende Erfahrungen machen und darüber berichten. Die Bühne für diese Art der Begegnung ist zumeist Nordafrika, besonders die Sahara und Ägypten.

René Caillié erlebt im Laufe seiner berühmten Reise nach Timbuktu mehrmals das, was man in den von ihm durchquerten Gebieten einen »Sandwind« nennt. Am 23. Mai 1828, so schreibt er,

> »drohte ein äußerst heftiger Ostwind uns unter den Sandhaufen, die er emporhob, zu begraben […] Was uns während dieses fürchterlichen Tages am meisten zu schaffen machte, das waren die sandigen Windhosen, die uns auf ihrem Weg jeden Moment zu verschütten drohten. Besonders eine dieser Windhosen, die mächtiger war als die anderen, durchquerte unser Lager, riss sämtliche Zelte um und wirbelte uns wie Strohhalme herum, bis wir in großem Durcheinander einer auf den anderen zu Boden fielen. Wir wussten nicht mehr, wo wie waren; auf einen Fuß Entfernung konnte man nichts erkennen: Der Sand hüllte uns wie dichter Nebel in schwarze Finsternis; Himmel und Erde schienen zu verschmelzen und nur noch eins zu sein.«

In diesem Tohuwabohu der Natur war die allgemeine Verwirrung groß; von allen Seiten hörte man nur Klagelaute; die meisten ergaben sich in Gottes Willen und schrien mit aller Kraft:

> »Es gibt nur einen Gott, und Mohammed ist sein Prophet! Inmitten dieser Schreie, dieser Gebete und des Getöses des Windes hörte man bisweilen dumpfe und klagende Seufzer der Kamele heraus […] Solange dieser grauenhafte Sturm anhielt, blieben wir ausgestreckt auf dem Boden liegen, ohne uns zu bewegen, verdurstend, vom Sand verbrannt und sturmgepeitscht. Wenigstens hatten wir nicht unter der Hitze der Sonne zu leiden: Ihre Scheibe, die hinter einem dichten Sandschleier beinahe verschwand, erschien glanzlos und ihrer Strahlen beraubt.«[44]

Diese »entsetzliche Sturmbö« hielt drei Stunden an.

Dieses Bild, das des größten Malers des Orients würdig ist, sollte von keinem der zahlreichen Berichte über Sandstürme je übertroffen werden, wie sie diverse Reisende hinterließen. Im Verlauf des drohenden Untergangs im und durch den Sand finden sich menschliche Reaktionen wieder, wie sie oft angesichts von Katastrophen auf See beschrieben werden – mit dem Unterschied, dass in diesem Fall der Wind alleiniger Verursacher des Dramas ist.

Die Sahara war damals das Gebiet, in dem sich die Macht Allahs ausdrückte. Wie Guy Barthélemy anmerkt, ist das Bild des Sandsturms ein Ereignis, das einen Höhepunkt darstellt vor dem Hintergrund einer bestimmten Kulisse, die ihrerseits ein solcher Höhepunkt ist, mit ihrer »exzessiven Geologie der Wüste« (wie sie später Pierre Loti hervorhebt), wobei beide ganz offensichtlich Stellvertreter der Transzendenz sind. Mit ihrer *vastitas*, ihrer Leere, ihrer Stille und Fremdartigkeit ist die Wüste dank des Windes zum bevorzugten Ort für das Vernehmen der Stimme Gottes geworden, in einem Rahmen, der Unendlichkeit und Ewigkeit suggeriert. Der Sandsturm, schreibt Guy Barthélemy, »verbildlicht die Mehrdeutigkeit der Wüste, die auch jene Gottes ist: Wenn er ein Hauch ist, spricht er zur Seele«. »Wenn dieser Hauch durch eine fürchterliche Steigerung zum Sturm wird, gerät der Reisende in eine Gefahr, die mit jener vergleichbar ist, die der Mensch bei dem Versuch eingeht, das Antlitz Gottes zu erblicken.«[45]

Diese metaphysische Umdeutung des entfesselten Sandsturms in eine mystische Sehnsucht findet sich auch in der Pariser Musikszene wieder, wie im Jahre 1844 die symphonische Ode *Le Désert* (»Die Wüste«) von Félicien David bezeugt:

»Beuget das Haupt, des Simouns Athem weht,
Gottes Geissel vorübergeht.
Allah! Erbarmen unsrer Noth!
Allah, des Todes Engel droht.
Himmel, du weichst; Hölle will siegen;
Rettung send' uns, die wir im Staub vor dir liegen!«[46]

Unter den zahlreichen Beschreibungen von Sandstürmen, die uns die Schriftsteller des 19. Jahrhunderts hinterlassen haben, sticht in den Augen eines französischen Lesers jene des Chamsin hervor (der dem Simoun entspricht), eines großen, senkrechten Wolkenwirbels, wie er in Ägypten in der Wüste um El Quseir entsteht. Der Bericht, den Flaubert 1850 darüber verfasst, stellt eine Art »Tagebuch der Sinne« dar:[47]

> »Es ist heiß, auf unserer Rechten kommt vom Nil her ein Chamsinwirbel näher [...]; der Wirbelwind schwillt an und rückt auf uns vor wie eine riesige senkrechte Wolke, die schwer über unseren Köpfen hängt, bevor sie uns einhüllt, während ihre Basis rechts von uns noch weit entfernt ist. Sie ist bräunlichrot und blassrot, wir stecken mittendrin [...]. Ich verspüre so etwas wie ein Gefühl des Entsetzens und der wütenden Bewunderung, das mir den Rücken herunterläuft, ich kichere nervös, vermutlich war ich sehr blass, und ich genoss alles in unerhörter Weise. Es schien mir, als ob beim Vorbeizug der Karawane die Kamele die Erde nicht berührten und in einer schiffsähnlichen Bewegung allein mit ihrem Oberkörper voranschritten. [...]«

Und kurz darauf heißt es:

> »Der heiße Wind kommt aus Süden; die Sonne sieht aus wie eine braune Silberplatte, eine zweite Windhose erreicht uns. Das kriecht voran wie der Rauch eines Großfeuers, rußfarben mit tiefschwarzen Tönen an der Basis, es kommt heran ... es kommt heran ... der Vorhang erreicht uns, unten ist er spiralförmig

gewölbt mit seinen breiten schwarzen Fransen. Wir sind jetzt eingehüllt, der Wind ist so heftig, dass wir uns an unseren Sätteln festklammern, um nicht herunterzufallen. Als das Schlimmste des Unwetters vorbei ist, regnet es kleine Steinchen, die der Wind vor sich hertreibt, die Kamele drehen sich auf ihrem Hinterteil um, bleiben stehen und sacken zu Boden.«

In keiner Weise ist hier von einer metaphysischen Dramaturgie die Rede. Was Flauberts Erfahrung ausmacht, nähert sich dagegen der Vorstellung des Erhabenen. Das Losbrechen des Wirbelsturms und die Wahrnehmung der großen senkrechten Wolke sind für den Reisenden eine Gelegenheit, einen zugleich unerhörten und völlig neuen Genuss zu verspüren. Darüber hinaus erzählt das Notizheft Flauberts – im Gegensatz zum Bericht René Cailliés über das verwüstete Lager – das Erlebnis des Sandsturms aus einer Karawane heraus, die auf Kamelrücken unterwegs ist, was zu Anmerkungen hinsichtlich der Bewegung führt.

In der Mitte des 19. Jahrhunderts erfährt das Wissen um den Simoun eine weite Verbreitung bei einer größeren Leserschaft durch die Veröffentlichung des Romans *Cinq semaines en ballon* (»Fünf Wochen im Ballon«) von Jules Verne. Dieser hatte einen riesigen Erfolg. So war er in den Schulbüchereien des Limousin – einer 1877 von den Lehrern des Département Creuse durchgeführten Untersuchung zufolge – das bei den Lesern beliebteste Werk. Der Simoun, den die Ballonfahrer zweimal wahrnehmen und auch selbst verspüren, wird in diesem Buch sehr genau beschrieben, wobei die Romanhandlung generell von Änderungen der Fahrtrichtung und der Windstärke bestimmt wird.

Unterhalb der Ballonfahrer »war die Ebene aufgewühlt wie ein tobendes Meer an einem stürmischen Tag; Wellen von Sand brachen sich übereinander inmitten einer dichten Staubsäule, die im Wirbel mit äußerster Geschwindigkeit von Südosten herankam; die Sonne verschwand hinter einer lichtdichten Wolke, deren übergroßer Schatten sich bis zur Victoria [Name des Ballons] erstreckte; Sandkörner glitten mit der Leichtigkeit flüssiger Moleküle dahin, und diese ansteigende Flut gewann immer mehr die Oberhand. [...] Der Simoun!‹ schrie Doktor Ferguson.« Nachdem die Ballonfahrer Ballast abgeworfen haben, steigt der Ballon in eine Luftschicht über dem Simoun auf und wird »in einer unberechenbaren Geschwindigkeit über dieses schäumende Meer hinweg fortgerissen«[48]. Ganz offensichtlich hat Jules Verne gründlich Reiseberichte studiert und führt damit eine Vielzahl von Lesern an den Sandsturm heran.

Die Wüste ist nicht die einzige Bühne, auf der Wind und Sand sich vereinen. So beschreibt Henry David Thoreau anlässlich seiner Expedition an das Cape Cod einige Episoden dessen, was man eine Meteorologie der Leidenschaften nennen könnte. Thoreau zufolge ist der Wind innerhalb dieses kleinen Gebiets allgegenwärtig. Er putzt die Umgebung der Häuser blank, schleudert Sand auf die Felsen und bläht die Wellen auf wie Segel. Besonders hartnäckig bläst er in Provincetown, vor allem in einer Gegend namens »die Wüste«.

Thoreau berichtet über eine seiner eigenen Erfahrungen:

> »Der Wind, der hier wehte, war weder ein Scirocco noch ein Simoon, wie wir ihn mit der Wüste assoziieren würden, sondern der gute alte Nordostwind Neuenglands. [...] Man konnte sich vorstellen, wie es wäre, wenn man sich eines Tages, an dem das Wetter noch trockener und der Wind womöglich noch stärker wäre – wenn man sich dann unmittelbar einer Wanderdüne hoch in der Luft gegenübersähe [...]; wie es wäre, wenn man ausgepeitscht würde – nicht von einer ›neunschwänzigen Katze‹, sondern von einer mit unzähligen Schwänzen, wobei jeder an seinem Ende mit einem Stachel versehen wäre.«[49]

Die offensichtliche Anziehungskraft, die Cape Cod auf Thoreau ausübt, beruht hauptsächlich auf dem Wind und dem Meer, in zweiter Linie auf dem Fels und dem Sand. Damit bringt der Autor eine Vorliebe zum Ausdruck, die damals in der westlichen Welt weit verbreitet war, in jener Mitte des Jahrhunderts, in der die Romantik kurz vor dem Erlöschen stand beziehungsweise – in den Vereinigten Staaten – der Transzendentalismus, dessen Papst Emerson war.

Der Wind im Giant Forest

Im Laufe der zweiten Hälfte des 18. Jahrhunderts entwickelt sich ein Bewusstsein für das, was Barbara Stafford eine »Reise in die Substanz« (*Voyage into Substance*)[50] nennt, das heißt eine Reise in die unberührte, exotische, wundersame Vielfalt der Pflanzenwelt. Vor diesem Hintergrund stechen der Tropenwald und die von ihm hervorgerufenen Gefühle heraus. Diese ungeheure, neuartige Erfahrung mit einer exotischen Natur, die von etlichen Forschern und insbesondere von Alexander von Humboldt und etwas später von Charles Darwin übermittelt wird, setzt sich Ende des 19. Jahrhunderts fort auf Expeditionen (*surveys*) in den *Far West* Amerikas. In diesem Kontext – dem der Entstehung der großen Nationalparks – machten sich jene auf, die man zugleich als Fortsetzer des Transzendentalismus und als Pioniere der entstehenden Umweltbewegung ansehen kann, um dem Wind in Wäldern mit hohen Bäumen zuzuhören. So wurde John Muir zum größten Erforscher der Winde, ihres Ursprungs, ihres Verlaufs und vor allem ihrer Stimmen und Düfte in den Wäldern des Yosemite-Nationalparks. Von allen Hörversuchen, die wir ermittelt haben, gingen seine am weitesten. Deswegen sei dieser Abenteurer mit seiner unübertrefflichen Begeisterung im Rahmen einer Geschichte der vom Wind ausgelösten Emotionen ganz besonders hervorgehoben.

Fünf Winter lang, von 1868 bis 1872, richtete er sich im Yosemite Valley ein, mit dem Ziel, *»die Winde zu betrachten«*:

> »Für gewöhnlich«, versichert er, »schauen sich die Leute gerne Gebirgsflüsse an und behalten sie im Kopf, aber nur sehr wenige kümmern sich um die Betrachtung der Winde, die doch um so Vieles schöner und erhabener sind, und das, obwohl sie bisweilen genauso sichtbar sind wie das fließende Wasser. Im Winter, wenn die Nordwinde über die Kuppen der High Sierra fegen, wird dies in Form von Schneefahnen über einen Kilometer weit erkennbar. Diese in Materie verwandelten Windbrocken können selbst einem phantasielosen Menschen kaum völlig entgehen.«[51]

Die Stimme des Windes fügt sich in eine Reihe von Naturgeräuschen ein, wie sie vor allem bei ganz besonderen Gegebenheiten entstehen. So hört sich das Seufzen des Windes im Herbst noch sanfter an als zuvor, »sein leichtes ›ah-ah‹ erfüllt den Himmel mit einem feinen, melodischen Dunst«. Aber »urplötzlich bricht der Winter mit seinen Stürmen herein [...]. Dann hört man ein seltsames Gemurmel in den Baumwipfeln, so als ob Riesen miteinander plauderten«. Im Unwetter machen dann die entfesselten Winde dessen ganze Herrlichkeit aus, denn diese erwächst vor allem aus den Windstößen, auf die John Muir besonders abhebt. Er hat in Utah den stärksten Sturm, den er bezeugt, an eigenem Leib erfahren, und zwar im Rhythmus dieser »Windstöße«.

Eines Tages, um halb fünf Uhr nachmittags, tauchte eine dunkelbraune Wolke auf:

»In wenigen Minuten hatte sie das ganze Tal mit einem wilden Gebrüll überflutet, ein echter Sturzbach von Wind, voller Sand und Staub, der an seiner Vorderseite majestätisch voranschritt und sich wie eine riesige Welle vorwärtswälzte und gegen alles anbrandete [...], Bäume fielen um, Staub wirbelte in Schleppen durch die Luft, und alles, was laufen konnte, rannte wie verrückt und verlieh dem Sturm damit eine bemerkenswerte Sichtbarkeit, wodurch er zugleich beeindruckend und inspirierend war.«[52]

In den Augen John Muirs erweisen Gewitterstürme »ihre Wohltaten in der herzlichsten und harmonischsten Weise«[53].

Das größte Vergnügen, das er je empfunden habe, erwachse aus der Erkenntnis dessen, was den Wind und den Wald miteinander verbinde. Dies führt er näher aus, indem er nach der jeweiligen Baumart unterscheidet:

»Die Winde«, schreibt er, »werden mit Liebe auf die Wälder verteilt, um ihre Kraft und Schönheit zu entwickeln. *Die Winde haben auf alles großen Einfluss.* Sie widmen sich jedem Baum gesondert, sie befühlen jedes Blatt, jeden Zweig, jeden furchigen Stamm – kein einziger wird vergessen: Die Winde suchen und finden sie alle, sie streicheln sie zärtlich, sie neigen sie in sinnlichem Spiel, regen ihr Wachstum an und befreien sie notfalls von einem Blatt oder Zweig [...].«[54]

Jeder Kommentar wäre hier überflüssig. Doch die Begeisterung des John Muir geht noch darüber hinaus. »Es liegt immer etwas zutiefst Berührendes nicht nur in den Geräuschen des Windes im Wald, sondern auch in den höchst unterschiedlichen Arten seiner Strömung, jener des Wassers vergleichbar, was die Bewegungen der Bäume offenbaren«[55], wobei je nach Baumart zu unterscheiden ist.

In der Tat, so legt John Muir nahe, stellen »die Gesten der verschiedenen Bäume im Wind« »ein köstliches Studienobjekt« dar. Beispielsweise notiert er bei einem Ausflug in die Sierra im Jahre 1874:

> »Die jungen Zucker-Kiefern, die noch federig und leicht wie der Schwanz eines Eichhörnchens waren, bogen sich beinahe bis zum Boden herunter, während über ihnen die alten Patriarchen, deren massiver Stamm bereits um die hundert Stürme ertragen hatte, feierlich hin und her wogten, wobei ihre langen gebogenen Zweige *bei jedem Windstoß mit großer Leichtigkeit auf und ab flatterten*, während jede einzelne Nadel erzitterte, mitschwang und Lichter aufblitzen ließ, so hell wie das Feuer eines Diamanten.«[56]

Es folgt die Beschreibung der Art und Weise, wie sich Douglasien, Silberkiefern und Erdbeerbäume im Wind verhalten. John Muir versichert, er lasse sich mitreißen von dieser Musik und diesen »leidenschaftlichen Bewegungen«. Als Spezialist, der er nun einmal ist, betont er, ein jeglicher Baum habe »seinen ganz eigenen Ausdruck«[57].

Die gläubige Grundhaltung, die Blick und Gehör John Muirs durchdringt, wird besonders deutlich bei seiner Beschreibung der windgepeitschten Silberkiefern:

> »Diese riesenhaften, sechzig Meter hohen Glockentürme wogten wie biegsame Goldruten, sie schienen Psalmen zu singen und niederzuknien wie im Gebet [...]. Der Wind war so stark, dass sogar ihr Monarch bis zu den Wurzeln erzitterte, was deutlich spürbar war, wenn man sich gegen ihn lehnte. Die Natur lud zu einem großen Fest, und selbst der starrste Riese geriet mit all seinen Fasern in Schwingung vor Vergnügen und Erregung.«[58]

Die Gefühle jeder einzelnen dieser riesigen Pflanzen beschränken sich nicht darauf, auf den Angriff des Windes zu reagieren. Denn letzterer trägt Musik und eine Palette von Düften in den Luftraum. Von seinem hochgelegenen Beobachtungsposten aus, auf den wir zurückkommen werden, genoss John Muir »in aller Ruhe den köstlichen Wohlgeruch, der vorüberzog [...] Dank der Reibung der harzhaltigen Zweige und des ununterbrochenen Raschelns von Millionen von Nadeln hatte sich der Wind mit einem hochintensiven, würzigen Aroma angereichert. Und außer den Düften, die vor Ort entstanden, gab es noch Spuren von Gerüchen, die von weit her herangetragen wurden«. In der Tat kam der aktuell wehende Wind von der See her, wo er sich an den »frischen und salzhaltigen Wellen« gerieben hatte, bevor er sich zwischen die Mammutbäume schlängelte, »in üppig mit Farn bewachsene

Schluchten eingedrungen« war, sich weiterverbreitete und auf »mit Blumen überzogenen Bergkämmen« wogte. Kurzum, »ob man nun in der Lage ist, sie im Ganzen oder einzeln zu begreifen, die Winde verweisen auf alles, was sie berührt haben, und ihre Düfte genügen, um ihren Weg nachzuvollziehen«. Und John Muir erinnert zum guten Schluss an das Klischee der Düfte, die der Wind Seeleuten heranträgt, sobald sie sich Land nähern.

Die Untersuchungen des Waldforschers erreichen ihren Höhepunkt – unser Thema betreffend – in seiner Besteigung einer dreißig Meter hohen Douglasie in der Sierra. Er hatte sich zum Ziel gesetzt, der ganz besonderen Musik des Windes zu lauschen, die auf diesem – von ihm »erhabenes Belvedere« genannten – Posten zu hören war. Er hatte den Wunsch, jene »äolische« Musik wahrzunehmen und zu genießen, wie sie Kiefernnadeln in lichter Höhe spielen. John Muir beschreibt die Töne, aus denen sich diese äolische Waldmusik zusammensetzt, in aller Ausführlichkeit:

> »Der tiefe Bass der Äste und der nackten Stämme, der rauscht wie ein Wasserfall; die schnellen, spitzen Schwingungen der Kiefernnadeln, die sich mal zu einem scharfen Pfeifen steigern, mal zu einem seidenen Knistern absinken; im Tal das Rascheln der Lorbeerbüsche und das mechanische Klicken, wenn sich die Blätter aneinander reiben – all das konnte man deutlich vernehmen, wenn man nur die Ohren spitzte.«[59]

Nach zwei Stunden, die er oben auf seinem Belvedere verbracht hatte, ist John Muir überzeugt davon, dass in der Natur von Seiten der Pflanzen keinerlei Bedrohung oder Missbilligung ausgeht. Im Wald löst der Wind eine unbezwingbare Freude aus, die sowohl vom lauten Jubel als auch von der Furcht weit entfernt ist.[60] Diese Erfahrung veranlasst den Helden der Wälder dazu, Darwins Theorien zu widersprechen und jede Vorstellung von einem »allumfassenden Überlebenskampf« zurückzuweisen.

Um das Vorgehen John Muirs, aber vor allem die von ihm beschriebenen Emotionen richtig zu verstehen, muss man berücksichtigen, dass dieser einst einen Erinnerungsschock erlitten hatte. Denn sein Aufenthalt im Yosemite-Nationalpark ist in Beziehung zu setzen mit seinen in Schottland verbrachten Jugendjahren, auf die er erst viel später, nämlich 1913, in seinen Kindheits- und Jugenderinnerungen (*Souvenirs d'enfance et de jeunesse*) zu sprechen kommen sollte. Eines Tages, so gesteht er, löste eine Meeresbrise, die durch Palmen und Weinblätter drang, »im Schlaf tausend Assoziationen aus und machte aus mir wieder den kleinen Jungen in Schottland, als ob all die Jahre, die zwischenzeitlich vergangen waren, einfach ausradiert worden wären.«[61] Ein Bekenntnis, das jener langen Geschichte über Schriftsteller hinzuzufügen ist, die bereits vor Marcel Prousts Beschwörung des kleinen Madeleine-Gebäcks Wert darauf gelegt haben, dem Leser eine solche Erfahrung eines Schocks des Wiedererkennens anzuvertrauen, welcher ihnen mitten in der Gegenwart jäh die Vergangenheit zurückgab – durch welchen Auslöser auch immer dies geschehen sein mag.

5
Der Einfluss biblischer Vorstellungen vom Wind

Jahrhundertelang und besonders seit der Renaissance diente eine phantasievolle Bildsprache als Ausgleich für die Unfähigkeit, das Phänomen Wind rational zu erklären. Im Abendland basierte diese sowohl auf bestimmten Bibeltexten als auch auf der griechisch-römischen Mythologie. Aus diesen Grundfesten speisten sich in der Folge die bedeutendsten epischen Texte, die den Takt der Literaturgeschichte vorgaben. Das grundlegende dichterische Schrifttum an dieser Stelle zu übergehen wäre methodisch sicherlich problematisch. Allerdings ist allgemein bekannt, dass die glühende Verehrung für die epische Dichtung seit der Mitte des 20. Jahrhunderts zum Erliegen kam, sowohl im Gymnasialunterricht als auch in Veröffentlichungen für eine weitere gebildete Leserschaft.

Nun unterliegt jeder Historiker zuvorderst der Gefahr eines »psychologischen Anachronismus«. So könnte heutzutage die Betonung der entscheidenden Bedeutung, die dem Epos griechisch-römischer und biblischer Tradition für die Kulturgeschichte des Abendlandes zukommt, eher Anlass zum Schmunzeln geben. Allerdings würde für eine Erforschung der Geschichte des Windes eine Übergehung Homers und Vergils,

Miltons und Klopstocks, Tassos, Camões' und Ronsards sowie später Ossians und der *Seasons* Thomsons heißen, nichts von dem Erbe begriffen zu haben, an dem sich die Vorstellung vom Wind über etliche Jahrhunderte hinweg ausgerichtet hat; und darum soll genau dies hier in mehreren Kapiteln unser Anliegen sein.

Das Vorkommen der Winde in der Bibel zu untersuchen ist ein höchst schwieriges Unterfangen, insbesondere was das Alte Testament betrifft: In diesem Bereich herrschen allerorts feinste Nuancen, denn die Erzählungen verschmelzen meist die Gegenwart Gottes mit seinem »Odem«. Nichtsdestoweniger gibt es unzählige Textstellen ausdrücklich zum Thema Wind, und es gilt, diese hier geduldig und systematisch zu studieren.[62]

Im Buch Genesis steht, vor der Erschaffung der Welt und des Lichts habe »ein Wind Gottes die Wasserfläche aufgewühlt«[63]. So lautet demnach in der Bibel die Vorgeschichte des Windes. Wesentlich später, gegen Ende der Sintflut, heißt es: »Gott ließ Wind auf Erden kommen, und die Wasser fielen.« Im Bibeltext dominiert fortan das Motiv der Wolke (die man keinesfalls mit dem Wind verwechseln darf), so etwa bei der Begegnung Moses' mit Jahwe auf dem Berg Sinai.

Jene zwischen Gott und Elia, die im ersten Buch der Könige geschildert wird,[64] ist im Hinblick auf unseren Gegenstand schwieriger zu deuten. Gott befiehlt dem Propheten, sich auf den Berg zu begeben; »Und siehe, der Herr ging vorüber. Und ein großer, starker Wind, der die Berge zerriss und die Felsen zerbrach, kam vor dem Herrn her; der Herr aber war nicht im Winde.«

Desgleichen geschieht bei einem Erdbeben und einem Feuer, die einem »stille[n], sanfte[n] Sausen« vorangehen, welches die Gegenwart Jahwes anzeigt; daraus schließt der Gläubige, Gott sei mitnichten im Lärm und in der Gewalt der Welt zu finden.

Im Buch Hiob lesen wir eine Verherrlichung der Macht Gottes. Hier finden sich Anspielungen auf den Regen, den Nebel, die Wolken, besonders die dichte Wolke Gottes, den Blitz, den Donner, nicht aber auf den Wind. Man erfährt lediglich Folgendes: »Der Ostwind wird ihn [Zofar] wegführen, dass er dahinfährt, und wird ihn von seinem Ort hinwegfegen«[65].

Der Autor der Psalmen schildert alles ausführlicher.[66] Bei der Lektüre begegnet eine ganze Reihe von Erwähnungen wie etwa »der Wind zerstreut«. Den Ungläubigen schickt Gott einen »Sturmwind«. In Psalm 18 lesen wir, dass Jahwe herabstieg und erschien: »er schwebte auf den Fittichen des Windes«; und der Psalmist schreibt von seiner Ankunft: »des Erdbodens Grund ward aufgedeckt vor deinem Schelten, Herr, vor dem Odem und Schnauben deines Zorns«. Hier findet sich die Vorstellung vom Wind als Atem Gottes, welcher der Schöpfung voranging. Ähnlich heißt es in Psalm 50,3: »Unser Gott kommt […] und um ihn her ein gewaltiges Wetter«. Bis zu dieser Stelle erscheint der Wind stets als Zeichen der Gegenwart Jahwes. Anders verhält es sich in Psalm 78, der die Durchquerung der Wüste beschreibt. Dieses Mal ist der Wind – wie am Ende der Sintflut – ein Werkzeug Gottes, dem er gebietet:

»Er ließ wehen den Ostwind unter dem Himmel
und erregte durch seine Stärke den Südwind.«

In Psalm 104,3 lesen wir:

»Du fährst auf den Wolken wie auf einem Wagen
und kommst daher auf den Fittichen des Windes,
der du machst Winde zu deinen Boten.«

Noch eher betrifft uns der Psalm 107, der Gott im entfesselten Sturm als Retter und Befreier des Menschen, insbesondere des Seemanns, aus aller Gefahr darstellt:

»Wenn er sprach und einen Sturmwind erregte, der die Wellen erhob,
und sie gen Himmel fuhren und in den Abgrund sanken, dass ihre Seele vor Angst verzagte,
dass sie taumelten und wankten wie ein Trunkener und wussten keinen Rat mehr,
die dann zum Herrn schrien in ihrer Not und er führte sie aus ihren Ängsten
und stillte das Ungewitter, dass die Wellen sich legten – «

Dieser Text nimmt eine Szene aus dem Evangelium vorweg, in der Jesus die Fluten glättet.

In Psalm 135 wird Jahwe als sanft und groß verherrlicht, weil er »den Wind herausführt aus seinen Kammern«. Zu all den Dingen, die von Gott geschaffen wurden, zählt der Psalmist auch die »Sturmwinde« (Psalm 148).

Der Prediger begeistert sich in seinem Prolog über die Regelmäßigkeit der Naturphänomene.[67] Hier heißt es: »Der Wind geht nach Süden und dreht sich nach Norden und wieder herum an den Ort, wo er anfing«; er ist hier das Sinnbild der Vergänglichkeit der Welt, und diese verleitet zum »Haschen nach Wind«. Darüber hinaus symbolisiert die Unerklärbarkeit des Windes die Undurchschaubarkeit Gottes.
Im Anschluss werden die Flüchtigkeit und die Leere des Windes mehrfach als Sinnbild der Nichtigkeit alles Menschlichen unterstrichen. So im Buch der Weisheit Salomos:[68] »Die Nachkommen der Ungläubigen werden vom Wind erschüttert und durch die Gewalt des Windes entwurzelt«, und die Hoffnung der Gottlosen »verfliegt wie Rauch im Wind«. Sie werden gezüchtigt:

> »Ein starkes Wehen wird gegen sie aufkommen
> und wird sie schütteln wie ein Orkan.«

So gerät der Wind erneut zu einem Instrument der Strafe Gottes.

Noch deutlicher heißt es im Buch Jesus Sirach:

> »Es gibt Winde, die sind zur Strafe geschaffen, und in ihrer Wut verstärken sie ihre Wucht, und wenn die Strafe kommen soll, dann toben sie und besänftigen die Wut dessen, der sie geschickt hat.«

Von einem Zeichen der Gegenwart Gottes beziehungsweise seiner Herrlichkeit, seines Ruhms und seiner Macht wird der Wind im Text der Bibel immer stärker zum Ausdruck einer Bestrafung. Denn Gott befehligt alle Winde: »Sowohl der Südwind als auch der Orkan aus Norden und die Zyklone blasen nach seinem Ratschluss«.

Wenden wir uns jetzt den Propheten zu. Jeremia beschwört den Wind bei seiner Schilderung der Zerstörung Jerusalems, die der Verblendung Israels geschuldet ist: »Es kommt ein heißer Wind von den kahlen Höhen aus der Wüste, geraden Weges zu der Tochter meines Volks.«[69]

»Wenn Er donnert,
[Beachten wir die Bedeutung des Zorns für die Geschichte der Katastrophe]
so ist des Wassers die Menge unter dem Himmel,
und er zieht die Nebel auf vom Ende der Erde;
er […] läßt den Wind kommen aus seinen Vorratskammern.«

Eine weitere Vorstellung begegnet immer wieder: Es gibt auf Erden vier Winde, und ein jeder gehorcht einer bestimmten Gottheit. So liest man im Orakel gegen Elam:[70]

»Ich […] will die vier Winde
von den vier Enden des Himmels über sie kommen lassen
und will sie in alle diese Winde zerstreuen.«

Sobald Hesekiel den Wagen Jahwes sieht, ist er von dem fürchterlichsten, aus Norden kommenden Sturmwind umgeben. Den falschen Propheten gegenüber erklärt Jahwe: »Ich will einen Wirbelwind losbrechen lassen in meinem Grimm.«[71]

Wenn man dagegen das Buch Daniel liest,[72] rettet »die Frische einer Brise« drei Jünglinge aus dem Feuerofen; und in ihrem Gesang rufen sie aus: »Oh all ihr Winde, preiset den Herrn«.

Im Buch Nahum wird der Zorn Gottes, dessen Instrument der Wind ist, als stürmisch beschrieben, wie im Psalm mit dem Titel »Der Zorn Gottes«[73]:

> »Der Herr ist ein eifernder Gott und ein Rächer,
> ja, ein Rächer ist der Herr und zornig.
> Der Herr ist ein Rächer an seinen Widersachern; er vergisst es seinen Feinden nicht. [...]
> Er ist der Herr, dessen Weg in Wetter und Sturm ist.«

In der achten Vision des Sacharja[74] wird der Gemeinplatz von den vier Winden – wie in der antiken Mythologie – besonders klar und deutlich hervorgehoben. Nachdem er von den vier Wagen gesprochen hat, erklärt der Engel:

> »Es sind die vier Winde des Himmels, die hervorkommen, nachdem sie gestanden haben vor dem Herrscher der ganzen Erde. Die schwarzen Rosse zogen in das Land des Nordens, die weißen zogen hinter ihnen her, und die scheckigen zogen in das Land des Südens. Diese starken Rosse also zogen aus und wollten sich aufmachen, um die Lande zu durchziehen.«

»Und er rief mich an [es ist Sacharja, der spricht] und redete mit mir und sprach: Sieh, die in das Land des Nordens ziehen, lassen meinen Geist ruhen im Lande des Nordens.«

Die Darstellung des Windes beziehungsweise der Winde im Alten Testament ist also vielgestaltig; was zu Beginn ein subtiler Hauch war, der Gott umgab und seine Gegenwart offenbarte, avanciert nach und nach zum Zeugnis seiner Macht, seiner Größe, ja seiner Gnade, um schließlich zum Werkzeug seines Zorns erklärt zu werden, der sich von allen Seiten in den entfesselten vier Winden der Erde entlädt.

Seltener, aber von entscheidender Bedeutung ist das Vorkommen des Windes oder vielmehr der Winde im Neuen Testament. Sie tauchen in den Evangelien auf, in der Apostelgeschichte und in der Offenbarung des Johannes. Die Geschichte aus dem Matthäus-Evangelium, in der Jesus einen Sturm »stillt«, ist im Laufe der Jahrhunderte immer wieder erzählt worden.[75] Als die Meeresfluten »ungestüm« wurden, weckten die Jünger ihren Herrn, und er »stand auf und bedrohte den Wind und das Meer [gemeint ist der See Genezareth]; und es ward eine große Stille.« »Die Menschen aber verwunderten sich und sprachen: Was ist das für ein Mann, dass ihm Wind und Meer gehorsam sind?« Und dann versucht Petrus, es Jesus gleichzutun, als dieser »auf dem Meer wandelt«. Er macht einige Schritte, »als er aber den starken Wind sah, erschrak er und begann zu sinken«. Jesus rettet ihn, »und sie stiegen in das Boot und der Wind legte sich.« Markus, der diese Geschichten noch ausführlicher erzählt,[76] berichtet vom Auftreten eines »grossen Windwirbel[s]«; Jesus erwachte, »und er stand auf und bedrohte den Wind und sprach zu dem Meer: Schweig! Verstumme! Und der Wind legte sich und es ward eine große Stille.« Mit einem Wort, Jesus stellt in dieser Geschichte eine Macht unter Beweis, die jener des alttestamentarischen Gottes gleichkommt. Dies bestätigt auch seine Erklärung, in der Jesus die glorreiche Ankunft des Menschensohnes verkündet: »Und er wird seine Engel senden mit hellen Posaunen, und sie werden seine Auserwählten sammeln von den vier Winden, von einem Ende des Himmels bis zum andern«; erneut bezeichnen die vier Winde die Erde in ihrer Gesamtheit. Was Johannes betrifft, so sieht dieser in dem starken Wind, der über dem See weht, die Ankündigung des nahen Erscheinens des des Heiligen Geistes.[77]

Die Urszene in der Apostelgeschichte ist, wie allgemein bekannt, das Pfingstgeschehen, bei dem sich alle Apostel versammelt haben. Für gewöhnlich wird das Erscheinen des Heiligen Geistes bevorzugt in der Form von Feuerzungen dargestellt. Doch steht geschrieben: »Und es geschah plötzlich ein Brausen vom Himmel wie von einem gewaltigen Sturm und erfüllte das ganze Haus, in dem sie saßen.« – Eine Reminiszenz an mehrere göttliche Erscheinungen, von denen wir im Alten Testament gelesen haben.

Berühmt ist auch die Erzählung von der Seefahrt des Paulus nach Rom und der Gefahr des Schiffbruchs vor der Küste Maltas;[78] verursacht wird das Abenteuer durch einen von der Insel her losbrechenden »Sturmwind […], den man Nordost nennt«. Des Öfteren ist behauptet worden, die Schifffahrt auf dem Mittelmeer – dem »theologischen Meer« – nehme bildlich gesprochen den Lauf des Menschenlebens vorweg, welches ja auf den Hafen, das heißt das Seelenheil zusteuere. Im Rahmen dieser Sichtweise muss auch eine Deutung des Windes erfolgen, der an diesem Ort bläst, denn dieser symbolisiert die Qualen des Lebens auf Erden, die der Sünder zu überwinden hat.

Schlussendlich finden sich auch in der Offenbarung des Johannes die vier Winde wieder als figürlicher Ausdruck der vier Himmelsrichtungen.[79] Vier Engel »stehen an den vier Ecken der Erde, die hielten die vier Winde der Erde fest, damit kein Wind über die Erde blase noch über das Meer noch über irgendeinen Baum.« Kurzum, diese Stelle betont wiederholt die gewissermaßen geographische und kosmische Bedeutung der Winde.

Diese Durchsicht der Bibel war für eine moderne Geschichte der Vorstellungen vom Wind unverzichtbar; vergessen wir nicht, dass die Bibel im Abendland seit der Verbreitung des Buchdrucks das meistgelesene Buch darstellte; die christliche Liturgie räumte ja, wie man weiß, der Lektüre breiten Raum ein; und bei den Protestanten erfolgte diese gar bei einfachen Leuten zu Hause. Ohne die Lektüre der Psalmen hätte es – vor allem in England – die Naturtheologie nicht gegeben, die doch so viel für die Verherrlichung der Naturbetrachtung geleistet hat.

6
Die epische Macht des Windes

Der Leser der *Odyssee* wird ohne Unterlass über das »Verhalten« der Winde unterrichtet, denn diese sind es, die die Fahrt des Odysseus lenken, welche ja aus fortwährenden Umwegen besteht. Vor dem 19. Jahrhundert spielen die Winde in keinem anderen Meisterwerk der epischen Literatur eine so wichtige Rolle, nicht einmal in der *Aeneis* oder in den *Luisaden* des Camões (1569). Es sind die Winde, so sei hier wiederholt, die über die Fahrt und ihre Schwierigkeiten gebieten. Allerdings unterliegen sie dem Willen der Götter: jenem des Zeus, des Poseidon, der Athene und des Äolus, dem sie unterstehen. Wie in der Bibel sind es vier Winde, und sie tragen Eigennamen: Boreas, Notos, Euros und Zephyros, wobei ein jeder seine spezifische Gewalt entwickelt sowie ganz bestimmte Geräusche und Berührungen mit sich bringt. Sie stellen Wesen dar, die zwar anderen Mächten unterworfen sind, die aber dennoch ihre Einzigartigkeit unter Beweis stellen. Sie sind Werkzeuge des Zorns, der Eifersucht, der Rachegelüste und der Ängste und Warnungen der Götter.

Diese Allgegenwart der Winde in der Erzählung wird verständlich, wenn man im zehnten Gesang der *Odyssee* von der Begegnung des Odysseus mit Äolus liest, welcher zwar der Herr der Winde ist, aber gleichwohl Zeus untersteht. Odysseus geht also bei Äolus an Land:

> »Und er gab mir, verschlossen im dichtgenäheten Schlauche
> Vom neunjährigen Stiere, das Wehn lautbrausender Winde.
> Denn ihn hatte Kronion [Zeus] zum Herrscher der Winde geordnet,
> Sie durch seinen Befehl zu empören oder zu schweigen.
> Und er knüpfte den Schlauch [so berichtet Odysseus] mit glänzendem silbernem Seile
> Fest in dem hohlen Schiffe, daß auch kein Lüftchen entwehte.
> Vor mir ließ er den Hauch des freundlichen Westes [Zephyros] einherwehn,
> Daß sie die Schiff' und uns selbst heimführeten […].«

Doch oh weh! Am zehnten Tag, als »das heimische Ufer« bereits naht, fällt Odysseus in einen unglückseligen Schlaf. Die Mitglieder der Besatzung glauben irrtümlich, Äolus habe Gold und Silber in den Schlauch gefüllt. Sie besprechen sich und entscheiden nachzusehen, was genau es mit den Geschenken auf sich habe. »Und sie lösten den Schlauch, und mit einmal entsausten die Winde. Plötzlich ergriff sie der Sturm und schleuderte weit in das Weltmeer hin die Weinenden«[80] bis hin zur Insel des Äolus, der Odysseus und seine Gefährten beschimpft und verjagt.

Von nun an werden alle vier Winde reihum entfesselt, wobei sie vom Autor jedes Mal genau benannt werden. Sie teilen ihre Rollen untereinander auf und verbreiten Angst und Schrecken unter den Menschen. Bisweilen treten sie auch, den Göttern gehorchend, vereint auf. Um ein übermäßiges Zitieren dieser fortgesetzten Episoden zu vermeiden, wollen wir uns damit begnügen, hier eine darzubieten, die sich im fünften Gesang findet. Poseidon zürnt dort Odysseus, welcher das Phönizische Meer erreicht, nimmt seinen Dreizack und lässt die Böen der vier Winde los:

> »Unter sich stürmten der Ost und der Süd und der sausende Westwind,
> Auch der hellfrierende Nord, und wälzte gewaltige Wogen. […]
> Also trieben durchs Meer ihn die Winde bald hiehin, bald dorthin.
> Jetzo stürmte der Süd ihn dem Nordsturm hin zum Verfolgen,
> Jetzo sandte der Ost ihn dem brausenden Weste zum Spiele.«[81]

Also greift Athene, die Tochter des Zeus, ein:

> »Eilend fesselte sie den Lauf der übrigen Winde,
> Daß sie alle verstummten und hin zur Ruhe sich legten;
> Und ließ stürmen den Nord und brach vor ihm die Gewässer […].«[82]

In den Händen der Götter können Winde die unterschiedlichsten Wirkungen entfalten.

Die Darstellung Homers wird ruhiger an jener Stelle, an der Proteus ein Land am Ende der Welt, beim blonden Rhadamanthys, beschwört, wo

»[…] ruhiges Leben die Menschen immer beseligt:
Dort ist kein Schnee, kein Winterorkan, kein gießender Regen,
Ewig wehn die Gesäusel des leiseatmenden Westes,
Welche der Ozean sendet, die Menschen sanft zu kühlen.«[83]

In der *Odyssee* werden nicht alle Aspekte der Winde aus der griechisch-römischen Mythologie angeführt. Deshalb seien diese hier genauer erläutert: Boreas (im Lateinischen Aquilo) ist ein Nordwind; Zephyros (lat. Favonius) ein Westwind; Notos (lat. Amster) ein Südwind; und Euros (derselbe Name im Lateinischen) ein Ostwind.

Seltsamerweise weist Vergil in seiner *Aeneis* den Winden nicht dieselbe maßgebliche Rolle zu wie Homer in der *Odyssee*; und doch sollte die *Aeneis* in den Heldenliedern der Neuzeit zur wichtigsten literarischen Quelle für die Darstellung der Wind- und Sturmereignisse werden.

Denn es ist die Heldenepik, die seit der Renaissance die bildliche Anschauung des Windes zunehmend rühmt, verherrlicht und anreichert. Diese Literaturgattung hier auszulassen hieße, so sei wiederholt, unser Thema zu verfehlen. Will man dem doppelten Fundament Rechnung tragen, das wir hier – vermutlich zu summarisch – untersucht haben, so kann man die Heldenlieder als Quellen einer Bildwelt des Windes in zwei Kategorien einteilen. Die erste setzt sich aus jenen Werken zusammen, die auf der biblischen Überlieferung beruhen. Für ihre Darstellung wählen wir für das 16. Jahrhundert die Dichtung des Guillaume Du Bartas aus, für das 17. Jahrhundert jene John Miltons und für das 18. Jahrhundert das Werk Friedrich Gottlieb Klopstocks. In die zweite Kategorie, die dem griechisch-römischen Einfluss unterliegt, gehören Tassos *Gerusalemme liberata*, Ronsards *Franciade* und Camões' *Lusíadas*, auch wenn letztere durchaus katholischen Missionseifer aufweisen.

La Sepmaine (»Die Woche«) von Du Bartas, ein Gedicht vom Ende des 16. Jahrhunderts, erzählt in epischer Tonlage die Schöpfungsgeschichte nach dem Buch Genesis und beschreibt insbesondere den Garten Eden. Dieses Werk ist heutzutage völlig in Vergessenheit geraten, doch hatte es durchaus seine Bedeutung.

Was unser Thema betrifft, so schildert Du Bartas den Wind, der im Paradies wehte. Vor allem dem zweiten Schöpfungstag, das heißt den »Meteoren« – den Wetterphänomenen – widmet er ein langes Kapitel. Er spricht von der Schöpfung der Winde, die er »windige Elemente« nennt. Seiner Überzeugung nach gibt es zwei elementare Sphären: »jene der Luft und jene des Feuers«.[84] Nun ist aber Luft ein Bereich, der »in der Bibel nicht existiert«. In seiner Ratlosigkeit schätzt Du Bartas, es müsse sich wohl um einen mittleren Bereich handeln, einen Zwischenraum: »die

Sphäre der chaotischen Luft«, die durch ihre Instabilität gekennzeichnet ist; folglich siedelt er hier die Winde an und behandelt sie unter dem Titel *magazin des vents* (»Vorratskammer der Winde«).

In seinen Augen handelt es sich um einen Bereich voller »Verwirrung und Kampf«, ein Symbol des »unsicheren und gefährlichen Wegs der Christenheit«. Hinsichtlich der Winde merkt er zunächst die Auswirkungen ihres »lauten Vorbeiziehens« an und unterscheidet sodann nach vier Witterungsarten, vier Körpersäften, vier Elementen und vier Lebensaltern. Zwei dieser Gruppen beschreibt er genauer: Die erste setzt sich aus jenen Winden zusammen, die unmittelbar auf die Lebenswelt einwirken und einen wohltuenden Einfluss haben; diese Passage nimmt die Theorien der Aufklärung vorweg: »Der Wind reinigt die Luft von Miasmen, er bringt die Früchte zur Reife, er bläht die Segel der Schiffe und treibt die Flügel der Windmühlen an.« Doch können diese Winde auch Unheil bringen, zum Beispiel Hagelschlag, »denn sie sind nur ein Indiz für die Zerbrechlichkeit dieser Welt und Symbol oder Anzeichen menschlicher Unordnung.«

Was die zweite Gruppe der Winde betrifft, so verändert die Luft bei ihnen ohne Unterlass ihr Erscheinungsbild und ihre Funktion; zu dieser Kategorie zählt Du Bartas etwa die Gewitterstürme – aber auch die Kometen. Diese Gruppe bilden jene Winde, die aufgrund ihrer größeren Nähe zum Himmel als Zeichen Gottes gedeutet werden können, als Vorzeichen und vor allem als Ausdruck des göttlichen Zorns.

Schlussendlich entsteht der Wind in den Augen Du Bartas' in einem Bereich, der zwischen Himmel und Erde liegt und der selbst für die Gelehrten unerforschlich bleibt.[85]

Doch als das wichtigste Versepos der Neuzeit gilt nach wie vor Miltons *Paradise Lost* (»Das verlorene Paradies«), wenn man seine weite Verbreitung und die ihm gezollte Bewunderung berücksichtigt. Der Wind spielt darin eine große Rolle, die jedoch ganz anders ausfällt als in den von griechisch-römischen Quellen inspirierten Dichtungen, und zwar in zweierlei Hinsicht: Milton beschwört einerseits ein mildes, »paradiesisches« Wetter vor dem Sündenfall und schildert andererseits die fürchterliche Gewalt des Sturms bei Einsetzen der Bestrafung.

Als Eva von einem bösen Traum gequält wird, berührt Adam zärtlich ihre Hand und flüstert »sanften Tons, wie wenn ein Zephir / Um Flora haucht«, die Worte »Erwache meine Schöne«[86] (beachten wir diesen Verweis auf die antike Mythologie in dem großen christlichen Epos). Etwas später stimmen Adam und Eva einen Hymnus auf den Schöpfer an und laden die ganze Erde ein, sein Lob zu singen: »Ihr Winde, die ihr von vier Enden her / Der Erde weht, haucht sanft und laut sein Lob!« Im Himmel, in Gottes Nähe, befinden sich »zahllose Zelte [...] / Worin sie [die Engel] schliefen, kühl vom Wind umhaucht«.[87] Am Morgen des schicksalhaften Tages genießen Adam und Eva die frühe Stunde voller »Wohlgeruch« und »sanfte[r] Lüftchen«.

Die paradiesische Qualität der Winde des Garten Eden wandelt sich radikal nach dem Sündenfall: Jetzt verwüsten die Winde die Erde, geraten zur Plage und offenbaren den Zorn Gottes:

»Jetzt brachen auch im Norden Norumbega's
Und vom Gestad der Samojeden her
Aus ehrnen Kerkern und bewehrt mit Eis,
Mit Schnee und Hagel, Stürmen und Orkanen
Boreas [Nordwind] und Cäcias [Nordostwind] hervor, so wie
Argestes [Nordwestwind], Thrasias, die Waldungen
Zerkrachend und die Meere wild durchpeitschend.
Von Süd' entgegen blasen ihnen Afer [afrikanischer Wind]
Und Notus, schwarz von grausen Donnerwolken
Aus Serragliona; quer durch diese hin
Entstürzen wild die Wind' aus Ost und West
Eurus und Zephir, und zur Seite tönt
Siroccos [von Südost kommend] und Libecchio's wild Geheul [Südwestwind].
Lebloser Dinge Kampf begann somit.«[88]

Und schließlich heißt es: »Thier führte jetzo Krieg und Kampf mit Thier, / Und Vogel stürzt auf Vogel, Fisch auf Fisch«. »Eins schlang das And're nur; sie hatten selbst / Nicht Scheu mehr vor den Menschen«. Die Gesamtheit dieser Verhaltensweisen kennzeichnet das verlorene Paradies und den allgemeinen Triumph des Bösen – verbreitet durch die Gewalt der Winde und der unheilvollen Dinge, die sie mit sich führen, wobei der Sturm, den Milton beschreibt, »Sternendunst / Verderbten Nebel, Pest und Seuchen brauend« heranträgt.[89]

In der oben zitierten dramatischen Textstelle gerät die sehr genau beschriebene Palette der Winde zum eigentlichen Kern der Bestrafung und des Siegs des Bösen: Winde, die vor der Folie einer präzisen Landkarte der Erdkugel aus allen Richtungen blasen – was etwas erstaunt, da ja bis dahin vom Paradies die Rede war – und die ursächlich sind für die Verwüstung der Erde als Folge des Sündenfalls. Ihre Wucht nimmt die allgemeine Grausamkeit vorweg, die sich urplötzlich auf der Erde festsetzt; und die Genialität Miltons liegt darin, gleich zu Beginn den Krieg unter den Tieren und das gegenseitige Verschlingen der Fische hervorzuheben.

Die Ausdrucksstärke von Klopstocks *Messias*, zwischen 1745 und 1773 verfasst,[90] entspricht auf literarischer Ebene jener der *Passionen* des Johann Sebastian Bach im Bereich der Musik; beide waren praktisch Zeitgenossen. Seinem Epos war ein ungeheurer Erfolg beschieden, namentlich in Deutschland. Während das Werk gegen Mitte des 20. Jahrhunderts noch Gegenstand des Literaturunterrichts war, ist es heutzutage weitestgehend verschwunden, so dass es selbst die besten Buchhändler nicht mehr kennen. Nun stellt es aber meiner Auffassung nach das aussagekräftigste aller hier angeführten Versepen dar. Es ist von Anfang bis Ende bewundernswert in seiner Wiedergabe der Passion Christi, welche stets von den Regungen und Reaktionen begleitet wird, die sein Leidensweg im Himmel und in der Hölle zur Folge hat. Denn die Stärke der Erzählung beruht auf dieser Anwesenheit der himmlischen und höllischen Kohorten, die die Ereignisse in Jerusalem wie ein Rahmen umgeben.

Wohlgemerkt wacht Gott über das dramatische Bühnengeschehen, auch wenn er im Hintergrund bleibt. Im Notfall richtet er seinen entfesselten Zorn gegen Satan und schickt den Wind zu seiner Züchtigung wiederholt bis an den Rand der Hölle. Begnügen wir uns hier mit der folgenden Textstelle. Der von Gott heraufbeschworene Sturm verpestet die Umgebung der Hölle, trotz aller Anstrengungen des Dämons Belial, dessen Traum es war, diesen feurigen Schlund in ein neues irdisches Paradies zu verwandeln und den Sturmwind der Unterwelt in einen erfrischenden Zephyros.[91]

Belial träumte davon, diesem verhassten Ort jenen Glanz zu bescheren, den einst die »Hand des Schöpfers« all seinen Werken verliehen hatte – »Doch er ergrimmt und seufzet vor Wuth; denn die traurigen Auen / Liegen vor ihm in entsetzlicher Nacht unbildsam und öde«. Dieses unvermittelte Aufeinanderprallen von Himmel und Hölle verleiht der Dichtung Klopstocks eine erstaunliche epische Kraft.

Wie man bei der Lektüre bemerkt haben dürfte, sind selbst die furchterregendsten Winde in den verschiedenen, von der Bibel oder der Antike inspirierten Epen stets Werkzeuge in den Händen Gottes beziehungsweise der Götter. Die Gottheiten sind es, die ihre oft zerstörerischen Kräfte freisetzen. Als selbständige Wesen, die sich frei ausdrücken oder auch bekämpfen könnten, sind die Winde uns nie begegnet. Doch in genau diese Lage versetzt sie Jean-Baptiste Grainville, ein Getreuer des aufklärerischen Geistes, in seinem mit *Le Dernier Homme* (»Der letzte Mensch«) überschriebenen Epos.[92] Wie der Titel schon nahelegt, fügt er die Bildwelt des Windes in eine Meditation über das Weltenende ein.

Grainville (gestorben 1805) hat nur wenig Einfluss ausgeübt, auch wenn die Originalität seines Werkes von Mary Shelley hervorgehoben wurde. Um seine Bedeutung für eine Geschichte der bildlichen Vorstellung vom Wind zu veranschaulichen, wollen wir eine Episode aus dem »Krieg der Winde« lesen, die ja – einmal unabhängig geworden – ohne Zutun der Götter entfesselt werden:

> » Gestern zog über unseren Gestaden ein derart heftiges Sturmgewitter auf, dass es uns in Angst und Schrecken versetzte, welche immer noch nachwirken. Ich glaube, all die entfesselten Winde [hier findet sich erneut die Vorstellung, dass sie normalerweise eingesperrt und in Ketten gelegt sind], die sich ja gegenseitig bekriegen, hatten unseren Himmel zum Schlachtfeld erkoren; in rasender Geschwindigkeit stürmen sie urplötzlich vom Horizont her auf allen Seiten heran. Die Wucht ihrer ersten Attacke reißt Bäume aus, die in den Tiefen der Hölle wurzeln, und erschüttert Berge, die auf den Grundfesten der Erde ruhen. Bald drängen die Nordwinde die Südwinde zurück, die vor Wut aufheulen; bald fallen die tobenden Südwinde wiederum über die Nordwinde her, türmen sie auf wie Wogen auf hoher See und bemächtigen sich des Luftraums. Bisweilen be-

kämpfen sich alle Winde zugleich, sie prallen zusammen, strecken einander nieder, erheben sich aufs Neue, entfleuchen in Wirbeln, hängen über Berghöhen, wiegen sich dort lange über Talmulden hinweg und fahren dann mit grauenvollem Zischen in diese hinein.«

Dieser Sturm legt sich, und die Vögel zeigen sich wieder.[93]

Tassos *Gerusalemme liberata* (»Das befreite Jerusalem«) wiederum ist ein christliches Epos, jenes des ersten Kreuzzugs, doch die antike Prägung ist durchaus vorhanden, insbesondere – und das ist verwunderlich – der Einfluss der vier Winde der griechischen Mythologie: Boreas, Zephyros, Notos und Euros. Sie dienen auch dazu, im Textverlauf geographische Hinweise anzuordnen; dabei bewahren sie etliche der Wesenszüge, die ihnen in der Antike zugeschrieben wurden. Einige Beispiele sollen genügen, dies zu belegen.

Boreas wird an vier Stellen als Nordwind ausgewiesen, und seine Wirkung kann sich als entscheidend erweisen. Die Stadt Jerusalem, die von dem »Verräter« Aladin verteidigt wird, ist auf drei Seiten uneinnehmbar. »Lediglich auf der Seite des Boreas [Nord] ist sie weniger gesichert«, noch genauer »an der Seite, an der sich Boreas zum Sonnenuntergang [Nordwest] hin neigt«. Der Wind spielt eine entscheidende Rolle bei dem von Gottfried von Bouillon angeführten Angriff. Dieser hält sich in Wartestellung,

»Da, siehe! fährt ein Sturm herab von oben
Und weht den Brand auf die, so ihn erhoben.
Er jagt die Glut zurück zu ihren Schlünden
Und auf die Tücher, die, vom Feind bestimmt
Zum Schutz der Mauer, sich sogleich entzünden,
So daß, was brennbar ist, in Kurzem glimmt.«[94]

Es folgt ein Ruhmesgesang auf Gottfried von Bouillon:

»Der Höchste kämpft für dich; die Winde kommen,
Sobald sie der Posaunen Ruf vernommen.«[95]

Damit wird explizit die in der Bibel betonte Rolle der Winde als entscheidendes Werkzeug in der Hand Gottes gepriesen. Doch ist Boreas hier nicht der einzige Wind. Kurz zuvor hatte Zephyros, der ja den Westwind bezeichnet, das Vorhaben des frommen Gottfried begünstigt. Denn als »der Himmel schwarzem Ofen zu vergleichen« war und »Zephyr […] in seiner Grott« lag und ruhte, als keine einzige leichte Brise wehte, »nur aus des Mohrenlandes sand'gen Reichen« ein Wind »gleich loher Fackelglut«, der »auf Brust und Wange« drückte »mit seines Hauchs unleidlich schwerem Drange«, herrscht bei den Kreuzfahrern tiefe Verzweiflung. Gottfried fleht den ewigen Vater an, und dieser schickt Donner und Starkregen.

In dem Gedicht ist Aquilo – wie Boreas – der Nordwind, Africus der Südwind und Euros ein heißer Wind. Tasso übernimmt für die Landwinde die antike Namensgebung; dasselbe gilt für die Seewinde. Notos, der den Sturm auslöst, gibt schließlich nach, und »Ein Lüftchen ebnet sanft den Berg der Wogen / Und kräuselt kaum die schöne blaue Flut.«[96]

Der Einfluss der antiken Literatur, hauptsächlich jener der *Aeneis* Vergils, ist in Ronsards *La Franciade* noch deutlicher als in *Gerusalemme liberata*. Dieses 1572 erschienene Epos stimmt einen Lobgesang an auf die Gründung des französischen Volkes durch Francus, den Sohn Hektors, der aus Troja kam – in Anlehnung an die Gründung Roms durch Aeneas. Darüber hinaus erkennt man in dieser Dichtung den Einfluss Homers sowie jenen der mittelalterlichen Heldenlieder und auch jenen Ariosts, des Meisters der italienischen Renaissancedichtung.

Es wäre zu langwierig, hier die langen Seiten zu zitieren, die den Unwettern gewidmet sind, welche der Erzählung ihren Rhythmus verleihen und in deren Verlauf die Winde eine wichtige Rolle spielen. Begnügen wir uns damit, in diesem Epos sowohl den Einfluss Vergils als auch die Rolle der Winde nach antikem Vorbild zu belegen. In der Tat ist die Fahrt des Francus eine Odyssee, die von einer Reihe von Unwettern begleitet wird – eine Übertragung der Effekte göttlichen Zorns aus der *Aeneis*. Vergil lässt in seiner Dichtung nacheinander den Notus, den Africus und den Aquilo auftreten, nachdem Neptun mittels eines Lochs in einem Berghang die Winde befreit hatte.

Die Szenerie der *Franciade* gestaltet sich etwas anders. Neptun bekundet seinen Groll gegen Ilion. Er beabsichtigt – was folgerichtig ist –, seine Rache mit Hilfe des Meeres zu bewerkstelligen. Er nimmt, von Najaden umgeben, seinen Meereswagen und ruft die

Winde an, die im ganzen zweiten Buch des Epos unentbehrliche Handlungsträger sind. Zunächst entschuldigt sich Neptun ihnen gegenüber:

»Winde [sagt er zu ihnen], ihr Schrecken des Himmels und des Meeres,
Nicht ich bin es gewesen, der euch eingesperrt hat
In euren Felsen, wo ihr zitternd vor Angst
Gezwungen wart, unter einem König zu schmachten:
Einzig Jupiter tat dies gegen mein besseres Wissen:
Seiner Macht konnte ich nicht widerstehen,
Denn er ist ein Gott von unbesiegbarer Gewalt.«

Neptun hört, dass dieses Mal Äolus die Winde – »alle vier zugleich« – befreit, um einem Schwur Folge zu leisten, den er ihm selbst einst geleistet hatte,

»Dass er mit seinem Zepter eine Öffnung schafft
Für die Winde in ihrer dunklen Höhle:
Dass er sie losbindet und, von großem Lärm getragen,
Mit Blitzen, Sturm und der Nacht bewehrt
In Wirbeln das tosende Meer aufwühlt
Und die Trojaner mit einem Unwetter überwältigt.«[97]

Das schreckliche Unwetter bricht los und beschert den Trojanern (des Francus) einen Schiffbruch: Was Ronsard höchst detailliert beschreibt, ist also ein Werk der Winde. Und wiederholt wird darauf hingewiesen, dass ihre Gefangenschaft durch Äolus auf Anweisung Jupiters hin erfolgt war. Es handelt sich hier um die vier Winde der Antike. Sie sind es, die Zerstörung und

Unglück bringen: Ihr Zorn – hier jener Neptuns – erweist sich als fürchterlich. Das tosende Meer beschränkt sich auf die Ausführung von Befehlen, die eigentlichen Spielführer sind die Winde. Ihre unbegrenzte, lautstarke Macht gebietet den Elementen.

»Während die Winde das Meer erreicht hatten,
Das sie mit gewaltigen Wogen zum Schäumen brachten
Und das Unterste zuoberst kehrten,
Kam ein widriger, übermächtiger Sturm auf,
Der das Meer pfeifend, lärmend und brausend
Durch die Wucht des Windes zu Bergkuppen erhob,
Der Windstoß auf Windstoß und Woge auf Woge
Das Wasser zu einem tiefen Abgrund öffnete
Und dieses bald schäumend bis zu den Sternen anhob,
Bald bis tief in die Hölle senkte.«

All dies geschieht in der Finsternis einer »furchtbaren Nacht« und nimmt den Matrosen die Sicht auf das Meer, während eine Reihe von Blitzen die Wolken aufreißt.

Francus fleht zu Jupiter. Aber der Sturm zerstört sein Schiff, er »ohrfeigt« es, »löst es auf«, verletzt es und versetzt ihm den Todesstoß … Nach diesem Sturm, der drei Tage anhält, landen die Trojaner auf dem Sandstrand der Provence. Die Rolle der Winde in der *Franciade* wird überdeutlich: Sie wirbeln umher und graben dadurch »feuchte Furchen« in das Wasser, die von ihnen »gesteuert« und »gejagt« werden.

Ihre grundlegende Funktion wird ebenso eindrücklich in Camões' *Lusíadas* (1569) beschrieben, einem

Gründungsepos, das die Größe der Portugiesen feiert, denen es gelungen ist, das Kap der Guten Hoffnung zu umfahren, nach zahlreichen Abenteuern Indien zu erreichen und zugleich das Wort Gottes zu verbreiten – ein erklärtes Ziel, das allerdings im Text kaum ausgearbeitet wird. Im Laufe dieser Seefahrt sind die Segelmanöver – wie immer in der Neuzeit – durch die Winde bestimmt; doch geht unser Text darüber hinaus.

Die Kommentatoren haben dieses gewaltige Epos verstanden als Schilderung der Unbarmherzigkeit des Himmels, mit dem die *Winde* und die Stürme ja unmittelbar zusammenhängen. Die Portugiesen wussten »dem Zorn der Kinder des Äolus zu trotzen« und sich unbekannte Seewege zu öffnen. Kurzum, es besteht kein Zweifel: Es sind *die Winde*, die den Seefahrern und ihren Zielen entgegenstehen und die in diversen Textpassagen von Schurken und Gewalttätern unterstützt werden. Obschon der Autor seinen katholischen Glauben beteuert, sind hier doch die antiken Götter und die Winde der Mythologie die Spielführer.

Der Feind der Kinder des Lusus, des Gründungshelden, ist Bacchus, der im Olymp thront; dieser betrachtet sich als alleiniger großer Sieger über Indien; mit einem Wort: Er ist es, den die Portugiesen zu stürzen trachten. Venus ihrerseits übernimmt deren Verteidigung. Diese Auseinandersetzung zwischen den Göttern erschüttert den Olymp. »So wie der grimmige Südwind oder Nord / In dem mit Bäumen vollgedrängten Dickicht / Mit Ungestüm und maßlos wilder Kraft / Die Zweig' entreißt dem schauervollen Haine, / Dumpf dröhnt das Waldgebirg, die Blätter stieben, /

Und schwer erschüttert dampft die ganze Gegend.«[98]
Man sieht, dass Camões bei der Schilderung der Kämpfe im Olymp nicht vergisst, das irdische Unwetter auszumalen, das die Winde heraufbeschwören.

Ebenso versäumt er es selten, die Ausprägung der Winde anzuzeigen. Wenn sie ruhig sind, schreibt er, dass sie »in ihrem tiefen Gefängnis schlummern«, was auf das ausdrucksstarke Bild der gefesselten Winde verweist, die im Inneren von Felsen (oder in einem Lederschlauch) wie in einer Höhle eingeschlossen sind. In den verschiedenen Seeschlachten – wie in jener gegen die Mauren im ersten Gesang – stehen sich immer Bacchus und Venus gegenüber.

Lusus, der »seine Segel so vielen verschiedenen Winden anvertraut hat«, traf auch auf einen Tornado – hier sei daran erinnert, dass Camões um 1559 schreibt und das Phänomen, das bereits Plinius der Ältere einst beschrieben hatte, erst später wieder von James Cook geschildert wird. Der Leser des 21. Jahrhunderts kann nur verwundert und ergriffen sein von der Beschreibung eines Wetterphänomens, das er dank der Fernsehbilder zur Genüge kennt. Aus diesem Grund kann ich der Versuchung nicht widerstehen, an dieser Stelle die lange Schilderung des Camões zu zitieren, die aus einer Zeit stammt, in der das Luftphänomen oder vielmehr diese »Luftsubstanz« zudem wenig bekannt gewesen sein dürfte und völlig unerklärlich war.

»Auch sah ich sicherlich – und nimmer glaub' ich,
Daß das Gesicht mich täuschte – feinen Dunst

Und dünnen Rauch sich in die Luft erheben
Und, von dem Wind gejagt, umher sich drehn;
Hierauf, als Rohr zum höchsten Pol erhoben,
Erschien dermaßen es, daß mit den Augen
Es sich so leichtlich nicht erkennen ließ;
Vom Stoff der Wolken däucht' es mir zu sein.
Und nach und nach begann es zuzunehmen,
Und wurde dicker als ein starker Mast;
Verengt sich bald und bald erweitert sich's,
Wie's in sich schluckt die großen Züge Wassers;
Und mit den Wellen auf und nieder wogend
Verdichtet's auf dem Gipfel sich zur Wolke,
Indem es größer wird und immer schwerer
Von jener großen Last verschluckten Wassers.
Wie man wohl an den Lippen eines Thieres
Den rothen Egel sieht – der unversehens,
Beim Trunk aus frischem Quell, es rasch erfaßte –
Den glühnden Durst mit fremdem Blute stillen, –
Stets mehr und mehr ansaugend, wird er dick,
Und wächst und schwillt und dehnt sich mächtig aus:
So mehrt, anschwellend, auch die große Säule
Sich und die schwarze Wolke, die sie stützt.
Doch, wenn sie nun sich gänzlich voll gesogen,
Zieht sie zuletzt den Fuß vom Meer empor,
Und fliegt zum Himmel unter Regengusse,
Damit das Wasser sich mit Wasser tränke:
Den Wellen giebt die Wellen es zurück,
Doch raubt' es ihnen den Geschmack des Salzes.
Die Schriftgelehrten mögen nun erklären,
Welch ein Naturgeheimniß dieses sei.«

Was die Eigentümlichkeit der Stürme anbelangt, so hält Camões diesen »schrecklichen Riesen« auf dem Felsvorsprung des Kaps für den letzten jener Riesen, die gemäß der mythologischen Überlieferung einst von den Göttern besiegt worden waren. In den *Lusiaden* brüstet sich derjenige, der das Ende des afrikanischen Kontinents bezeichnet und auf den Pol der Antarktis schaut, mit seiner Fähigkeit, die Winde zu steuern.

Die Portugiesen setzen ihre Reise nach der Umfahrung des Kaps in Richtung Indien fort und werden dabei mal von Notos und seinem Groll behindert, mal vom »sanften Hauch des Zephyros« unterstützt. Im sechsten Gesang unterbricht Camões seine Erzählung unter Rückgriff auf die antike Mythologie für eine ausführliche Beschreibung Neptuns, seines Palastes, des ihn umgebenden Gefolges sowie – unser Thema betreffend – seiner Macht über die vier Winde. Zum Schutz der Portugiesen befiehlt eine Botschaft dieses Gottes »dem ungestümen Äolus, das Gefängnis der Winde zu öffnen«. Es folgt eine Seite, die deren Auswirkungen gewidmet ist, was ihre auffällige Allgegenwart und ihre Bedeutung im Renaissance-Epos untermauert. Während des durch sie verursachten Sturms zerteilt die Flotte der Kinder des Lusus »in Begleitung des Zephyros friedlich die blauen Wellen«.

Doch Bacchus gibt nicht auf, und jetzt ist er es, der die Winde aufbringt und entfesselt. Ein »hohes Pfeifen« ertönt in der Takelage. Sobald Venus dies bemerkt, schickt sie die Nymphen, und »der Zorn der Kinder des Äolus verraucht bei ihrem Anblick«. »Boreas, der ungestüme Boreas, hört und sieht nur noch Oreithyia.

Notos, der seit langem in Galateia verliebt ist, ist überglücklich, während die anderen Nymphen den aufbrausenden Autan entwaffnen«. Schlussendlich obsiegt die Gewissheit, dass Venus die Liebschaften der Kinder des Äolus beschützen wird und diese ihrerseits für den Rest ihrer Reise die »Lieblinge« der Göttin, die Portugiesen, zu achten wissen. Dieser nachdrückliche Verweis auf die antike Mythologie, auf die Gegenwart des Bacchus, der Venus, des Neptun und des Äolus inmitten eines christlichen Epos ruft sicherlich Verwunderung hervor. Doch er bestätigt die Bedeutung unseres Themas: jenes des Schicksals und des Einflusses der Winde, wobei ein jeder von ihnen eine eigenständige Persönlichkeit aufweist. Die Erklärung für die Häufigkeit ihres Vorkommens, das zunächst ungewöhnlich erscheint, liegt in der weiten Verbreitung der *Aeneis* während des 16. Jahrhunderts sowie in der Bewunderung, die dieser von Seiten der Leser des Camões zuteil wurde, einschließlich jener des Autors selbst.

Bei ihrer Ankunft in Indien, genauer gesagt in Kalkutta, »schweigen die Winde; allein Zephyros bewegt sanft die Lüfte«. Der Zustand der Atmosphäre symbolisiert den Erfolg der Reise. Und dieser Sieg setzt sich fort mit dem »sanften Hauch des Zephyros«, der die Blumen belebt und die Nymphen begrüßt, welche sich zum Palast der Tethys (des Meeres) begeben und denen sich Gama, der Leiter der Expedition, anzuschließen bemüht. Nun wird deutlich, warum sich La Harpe im 18. Jahrhundert dazu beglückwünschte, dass man die Anwesenheit heidnischer Gottheiten herausgestrichen hatte, wo doch nach seiner Auffassung der eigentliche Gegenstand des Epos der Sieg und die Verbreitung des christlichen Glaubens waren.

7

Ossian und Thomson: Vorstellungen vom Wind im Jahrhundert der Aufklärung

Ende des 18. Jahrhunderts hatten zwei Werke großen Einfluss auf die Darstellung der Natur, die zwar streng genommen keine Epen sind, aber durchaus als solche bezeichnet werden könnten. Dies sind zunächst die Gedichte Ossians, deren Veröffentlichung als *Fragments* im Jahr 1760 begann und die mit dem Erscheinen der endgültigen Sammlung im Jahr 1773 weitere Verbreitung fanden, sowie der Gedichtband *The Seasons* (»Die Jahreszeiten«) von James Thomson, ein Werk, das in Frankreich von 1764 an durch Jean-François de Saint-Lambert nachgeahmt wurde.

Die ossianischen Gesänge, eine Reihe von Dichtungen, die der Schotte Macpherson – vermutlich fälschlich – einem ihm angeblich bekannten Barden zugeschrieben hatte, sind scheinbar von einer uralten irischen und schottischen Dichtkunst inspiriert. Dieses Werk, das auch die zeittypische, schwierige Suche nach historischen Wurzeln ausdrückt, hat auf seine Art zu einer Erneuerung der Vorstellungen vom Wind beigetragen. So ist die deutsche Romantik stark »ossianisiert«. Herder hat seine Bewunderung für das Werk des vermeintlichen kaledonischen (das heißt schottischen) Barden aus dem 3. Jahrhundert an Goethe weitergegeben. Auch Schiller teilte diese Bewunderung, und Klopstock, so heißt es, ließ sich Ossian auf dem Totenbett vorlesen. Fast alle großen deutschen Liedkomponisten – Schubert, Mendelssohn, Brahms – haben zu Ossians Ruhm beigetragen; auch hat man seine enge Verbindung mit der Malerei Caspar David Friedrichs herausgestellt. Ferner verdanken ihm die Autoren des englischen Schauerromans sehr viel. Blake, Coleridge, Byron und später die Geschwister Brontë unterliegen dem Einfluss der ossianischen Strömung.

Und das gilt erst recht für Frankreich. Die Künstler des Kaiserreichs und auch der Kaiser persönlich zollten Ossian große Bewunderung. Er wurde mit Homer verglichen. Heutige Liebhaber der Malerei dieser Zeit denken da sicher an die ossianischen Helden, wie sie Girodet abgebildet hat. Nach Yvon Le Scanff[99] finden sich in den Werken der großen Autoren des ausgehenden 18. und der ersten Hälfte des folgenden Jahrhunderts häufig das Motiv des *locus horridus*, des schrecklichen Ortes, der das Gegenbild des klassischen *locus amoenus*, des idyllischen Ortes, darstellt, sowie die Beschwörung einer Landschaft und einer Natur, die als chaotisch konzipiert sind und in denen es stets windig ist. Bereits Diderot hatte einige der Fragmente übertragen, die James Macpherson, der wirkliche Autor der Gedichte, zitiert beziehungsweise frei erfunden hatte. Auch die düstere Kraft des Windes im Schauerroman sollte sich in der Folge weiterverbreiten. Und Mme de Staël vergleicht Ossian mit Homer, da »der Lärm des Windes in der wilden Heide« seiner Empfindsamkeit entgegenkomme. Sie erinnert daran, dass die kaledonische (also schottische) Landschaft für lange Zeit den Archetyp der erhabenen Landschaft darstellt.

Alphonse de Lamartine erwähnt Ossian als »Dichter des Unbestimmten, der undeutlichen Klage der Nordmeere«[100]. Chateaubriand, der Ossian in sechs seiner Werke zitiert, schreibt in seiner Hymne an die Gotik, einer berühmten Passage in *Le Génie du christianisme* (»Geist des Christentums«):

> »[…] Unter einem neblichten Himmel, umbraust von Sturmwinden, an der Küste des Meeres, dessen Stürme Ossian besungen hat […]. Auf den Orkaden staunt der Reisende, auf einem zerbrochenen Altare sitzend über die Traurigkeit dieser Orte […]. Der Wind streicht durch die Ruinen, und ihre zahllosen Ritzen werden ebenso viele Röhren, aus welchen Klagen ertönen.«[101]

Die literarischen Werke Custines und Senancours bestätigen den folgenden, von Yvon Le Scanff formulierten Aphorismus: »Die ossianische Landschaft veranschaulicht den Weltschmerz«, »die erhabene Melancholie des Ossianismus«. Und jene »Niedergeschlagenheit«[102], die aus der Betrachtung der Natur erwächst, bedrückt etwa Alfred de Vigny, der eine Textstelle aus den von Macpherson veröffentlichten *Fragmenten* zitiert: »Erhebt euch, Herbstwinde, erhebt euch; weht über die dunkle Heide!«

Der Ossianismus wirkt zu jener Zeit, wie Yvon Le Scanff schreibt, »wie eine Erneuerung alles Unzivilisierten«. Er fügt hinzu: »Das Erhabene des Ossianismus versteht sich [damals] als ein Ausdruck einer ursprünglichen Natur und als ein Vergessen aller kulturellen Kunst und Künstlichkeit, die ja die Begeisterung, die Kraft und die Schlichtheit der Anfänge erschöpfen«. Die Zusammenhanglosigkeit und Unordnung der Natur und die Erhabenheit eines Unwetters und sowie dessen »fürchterliche Fähigkeit, Leib und Seele zu zermalmen«[103], hängen eng mit dem Ossianismus zusammen.

In den Augen unserer eigenen Zeitgenossen ist der ossianische Sturm vor allem ein Seesturm. Das ist jedoch keineswegs der Fall. Denn die Winde, die in den von Macpherson veröffentlichten Gedichten vorkommen, sind hauptsächlich ein Luftstrom, der – meist aus Norden kommend – von den »windigen Bergen« oder den »windigen Hügeln« ausgeht, der die Heide überquert, über das Heidekraut und die Blumen herfällt und dann bis zu den Felsen an der Meeresküste vordringt – dorthin, wo die im Kampf gefallenen Helden begraben liegen, von jungen Frauen beweint, die ihnen oftmals versprochen waren. Denn an diesem Ort trifft der Wind auf die Figur der untröstlichen Verlobten, sodass sein unheilvolles Raunen in das Wehklagen und Weinen der Frau einstimmt.

In den Gesängen Ossians bläst der Wind fast immer in einer düsteren, ja nächtlichen Atmosphäre und ist mit dem Tod verbunden: mit jenem der Helden einer fernen Vergangenheit wie Fingal oder auch Ossian selbst, dessen Geist unablässig die Erinnerung der Greise heimsucht; aber auch – nicht zu vergessen – mit dem Tod jener erst kürzlich gefallenen Helden, deren Hinscheiden bei den jungen Frauen Trauer und bisweilen den Freitod auslöst.

Die ossianische Bewegung drückt in erster Linie körperliche Gewalt aus: Der Tod wird hier ohne Umschweife geschildert, und die Klage – ein grundlegendes Element dieser Dichtung – hängt untrennbar mit der beschriebenen Handlung zusammen. Die Helden werden brüllend und wild kämpfend inszeniert, sie fallen im Gefecht wie gefällte Eichen, und die Heldinnen erscheinen wie himmlische Wesen.

Kommen wir jetzt wieder speziell auf die Winde zu sprechen: Der Autor ermuntert diese mehrfach – wie es auch die Helden und Heldinnen tun – und fordert sie dazu auf, die Segel – also die Wolken – zu jagen, welche die Landschaft verbergen, sei es das Gebirge, sei es das Meer. Doch es geschieht auch, dass die Sturmwinde von selbst abflauen, um den hellen Abendstern funkeln zu lassen, wie in den *Songs of Selma* (Gesänge von Selma). Gelegentlich wird der Wind auch durch das Jammern und Schluchzen einer Frau einbestellt, die ausgestreckt über dem Grab des Helden liegt. Im Herbst oder Winter, dies sei hier noch einmal betont, zieht er der Beschreibung nach alles vernichtend über die Heide. Dann pfeift er durch das Heidekraut und das Gras, über das er herfällt; und manchmal hört man gar das Wehklagen der Pflanzen.

Der Wind erscheint vor allem als eine Stimme, oft als eine recht laute, und der Mensch – meistens eine Frau –

ruft ihn an, damit er Botschaften überbringe. Andererseits lässt der Wind Erinnerungen an verstorbene Helden wieder aufleben. Er befördert das Gedenken und auch die Genauigkeit der Erinnerung. Was Zephyros betrifft, der weit seltener beschworen wird als der Nordwind, so liegt seine Bestimmung darin, die Stimme und die jungfräuliche Schönheit der Frau zu preisen.

Zitieren wir einige kurze Fragmente: »Der Abend breitet seine gräulichen Schatten über die Hügel; der Nordwind hallt durch die Wälder; weißliche Wolken erheben sich in den Himmel, und Schnee senkt sich schwebend auf die Erde [...]. Der weißhaarige Carryl lässt sich traurig bei einem hohlen Felsen nieder [...]. Durch den heulenden Wind hindurch hört man seine schmerzgepeinigte Stimme: ›Malcolm ist nicht mehr jener, der die Hoffnung dieser Inseln war, der Helfer der Armen, der Feind eines jeden hochmütigen Kriegers.‹ [...] ›Er ist nun nicht mehr [...], er liegt am Fuße irgendeines Felsen begraben [...]. Oh Winde, warum habt ihr ihn auf den einsamen Felsen getragen?‹«[104]

In Fragment VIII erklärt der greise Ossian: »Ich höre deine Worte nicht mehr, oh Fingal [...], ich höre das Pfeifen der Winde im Wald, aber nicht mehr die Stimmen meiner Freunde«[105].

Eine junge Frau sehnt sich nach der Stimme ihres Geliebten Schalgar und ruft aus: »Ich bin allein auf dem stürmischen Hügel zurückgeblieben. Der Wind bläst über das Gebirge. Der Bergbach ächzt am Fuße dieses Felsens.« Dann findet sie Schalgar und seinen Bruder, die beide tot sind. Sie ruft sie an mit den

Worten: »Oh ihr zwei! Schatten der Toten! Lasst euch vernehmen hoch von diesem Felsen, vom Gipfel des stürmischen Gebirges … wohin seid ihr für eure letzte Ruhe gezogen? In welcher Höhle des Hügels werde ich euch finden? Doch der Wind trägt mir keine Antwort zu. […] Wenn sich die Nacht über den Hügel herabsenkt, wenn der Wind über die Heide weht, wird mein Schatten im Wind weilen und den Tod meiner Freunde beklagen.«[106]

In Gesang XII liest man eine Reihe von Fragen, die Ryno an Alpin richtet: »Warum gibst du so klagende Laute von dir, wie jene des Windes, wenn er in den Bäumen des Waldes rauscht?« Alpin entgegnet: »Von nun an liegt Morar in seinem Grabe«, das allein »einige Gräser« verraten, »deren zitternde Stängel sich im pfeifenden Wind bewegen.«[107]

In Fragment XIII richten sich Weisungen an Dionna: »Lass deine Haare im Wind flattern; schicke deine Seufzer auf den Böen der Hügel«. Und zum Schluss heißt es: »Erhebt euch, oh Winde des hallenden Hügels, seufzt ob des gefallenen Muirnin«[108]: ein Aufruf an die Winde, an dem Wehklagen teilzuhaben, ein Leitmotiv der ossianischen Dichtung.

Die meisten Kommentatoren der *Seasons* von James Thomson haben nur den Winter berücksichtigt;[109] wie wir später noch sehen werden, haben sie damit Unrecht. Konzentrieren wir uns aber vorerst auf diese Jahreszeit, deren Beschwörung so oft gerühmt wurde und der man einen großen Einfluss auf die Landschaftsdichtung zuschreibt. Thomson zufolge ist der negative Wind – der Gefährte des Winters – der Nordwind, der wütende

Wind. Und als er zur Beschreibung dieser letzten Jahreszeit ansetzt, beginnt er mit einer Anrufung an die Winde, von denen er den Ausbruch eines Unwetters erwartet. Zugleich fragt er sich, wohin sich denn diese Winde, die sich erheben werden, zurückziehen:

»Ihr auch, ihr Winde, die ihr jetzt beginnt
Mit Ungestüm zu weh'n, hört meine Stimme:
Wo ist eu'r Vorrath, mächt'ge Wesen? sagt,
Wo habt ihr eure luftigen Behälter,
Der Stürme Heer mit Schrecken zu bewaffnen?
Sagt auch in welcher fernen Himmelsgegend
Ihr schlaft und schweigt, wenn Alles ruhig ist?«[110]

Diese Verse sind deutlich: Ein Unwetter – das ja von den Bewunderern Thomsons wieder und wieder begeistert ausgemalt wurde – ist lediglich die Ausführung eines Befehls der Winde. Sein Ursprung liegt in deren unbekanntem Rückzugsort. Es entsteht zumeist in der Nacht, als werde es von einem nächtlichen Dämon in Gang gesetzt. Man erkennt es an seinen Schreien und seinen Seufzern, bevor es schließlich losbricht. Thomson wagt sich an eine Beschreibung, die kürzer ist als man gewöhnlich meint:

»Weit herrscht der Aufruhr. […]
Es wanket die Natur.«[111]

Bis Gott die Rückkehr zur Stille befiehlt. Doch gibt es neben dem Unwetter noch eine andere Katastrophe, die vom Wind verursacht wird:

»Ein Eishauch, durch des Winters Wuth verstärkt,
Unstät heraufbläst, überzieht er bald
Mit einer blauen Haut den Teich, und hemmt
Im Lauf des Stromes zitterndes Gewässer – «

Eine Anspielung auf die Starre, die der Frost mit sich bringt. Und schließlich erwähnt Thomson das Klima Grönlands:

»Dort hält der Winter seinen düstern Hof
Im Schoß von himmelblauem Eise thronend,
Und laut durch seine luft'gen Hallen braust
Des Ungestüms Getöse unaufhörlich.
Dort sinnt auf Wuth der grimmige Tyrann;
Mit Frost gewaltig waffnet er den Wind,
Formt schwere Schloßen [Hagelkörner], und
häuft auf den Schnee,
Womit er bald den halben Erdball drückt.«[112]

Der interessanteste Aspekt liegt vielleicht darin, dass in dieser Sicht der Winter, wie die anderen Jahreszeiten auch, lediglich den Merkmalen, Gefühlen und Absichten des Schöpfers entspricht. Das Werk Thomsons, dem man eine Zugehörigkeit zur rein deskriptiven Lyrik nachsagt, das aber eher eine Verherrlichung der Naturverbundenheit darstellt, endet mit einem an das göttliche Wesen gerichteten Hymnus:

»Allmächtiger! in allen jenen Wechseln
Seh ich, nur in veränderter Gestalt,
Dich überall. Der ganze Lauf des Jahrs

Ist voll von Dir. Der holde Frühling zeigt
Uns deine Schönheit, Lieb' und Zärtlichkeit; […]
Dann folgt im Sommer deine Herrlichkeit […].«

Im Herbst ist es Zephyros, der das Göttliche versinnbildlicht.

Sodann folgt eine Szene, wie wir ihr von der Antike an mehrfach begegnet sind:

»Du fährst auf Fittigen der Windsbraut, und
Demüthigst die Natur durch deinen Sturm.«[113]

Im Laufe dieses Hymnus, der die Erscheinungsformen Gottes ausführt, bestimmt Thomson auch die Rolle bestimmter Winde genauer und schreibt:

»[…] Wehet Ihm,
Deß Geist in eurer Kühlung athmet, zu,
Ihr Lüfte; sprecht von Ihm im stillen Schatten,
Wo auf den Felsen kaum die Fichte schwankt,
Die alles in ein heiligs Dunkel hüllt.«[114]

Und schließlich wendet sich der Autor an die stolzen Stürme:

»Und ihr, die ihr schon fern mit stärkrer Stimme
Die Welt erschüttert, schickt eur stürmend Lied
Zum Himmel auf, und sagt durch Wen ihr tobt.«[115]

Der Text ist überdeutlich, und die Interpretation fällt leicht: Die Jahreszeiten sind verschiedene Erscheinungen Gottes; und es sind die Winde – nicht das Meer –, die ihm gehorchen, die mal seine Ruhe, mal seinen Zorn ausdrücken und bisweilen auch die luftige Umgebung ausmachen, die im irdischen Paradies herrscht. Dies gilt es zu bedenken, wenn wir uns in dem folgenden Zwischenspiel dem Frühlingswind Zephyros zuwenden.

8
Sanfte Brise und zärtlicher Lufthauch

Die Geschichtsschreibung hat aus James Thomsons Dichtung *The Seasons* beinahe ausschließlich den »Winter« berücksichtigt. Nun sind für unser Thema jedoch der »Frühling« und der »Herbst« mindestens ebenso interessant und auf ihre Weise auch mehr oder weniger einzigartig. Denn sie zeigen für diese beiden Jahreszeiten die Bedeutung der sanften Brise auf, jenes zärtlichen Lufthauchs des Zephyros, der mit dem Rhythmus der Pflanzenwelt und den Freuden des Naturerlebnisses in Einklang steht. Insofern knüpft Thomson an die Gattung der antiken Idylle an, jene des Theokrit, des griechischen Dichters der alexandrinischen Epoche, dessen bukolische Werke einen ungeheuren Nachhall gefunden haben.

Zephyr kann – wenn auch selten – durchaus bedrohliche Züge annehmen, wie wir in den Epen gelesen haben; sein Bild ist folglich widersprüchlich. Dennoch ist er in erster Linie ein Wind, der nur flüchtig berührt und auf sanfte Art erfrischt, ein Wind des feinsinnigen Vergnügens in all seinen Formen, ein Wind, der weibliches Erschauern offenbart und die Sinnlichkeit der Liebenden beim Schäferstündchen begünstigt.

All dies ist für die Barocklyrik bereits untersucht worden, wie man bei Véronique Adam nachlesen kann.[116]

Ihr zufolge findet der Wind in dieser Dichtung zu seiner eigentlichen Stimme und avanciert bei Bedarf auch zum Ebenbild des Liebhabers. Er darf die Geliebte sachte streifen, ohne ihre Empörung hervorzurufen, und damit erotische Träume beflügeln. Zudem verkörpert er durch seine Flüchtigkeit den weiblichen Wankelmut, denn sein Wesen ist zutiefst flatterhaft.

Allein die Feststellung, dass sich der Körper einer Frau diesem Wind niemals widersetzt, scheint bisweilen die Liebesglut eines Mannes entfachen zu können. Ganz offensichtlich lässt sie sich von diesem Wind gerne berühren, denn er streichelt ihre Augen, ihr Haar und ihre Lippen – mit einem Wort: all das, was einen Verliebten zu verführen vermag. Zephyr ist gerade im Frühling der Wind der Liebenden; bisweilen scheint er gar Sympathie für unglücklich Verliebte zu hegen und verbreitet ihre Klagen. Claude de Trellon schreibt im Jahr 1595: »Wind, du hast das Glück, die Lippen und die Augen meiner schönen Kriegerin zu küssen, wann es dir gefällt! Warum bin ich bloß kein Wind, meine arme gefangene Seele würde schnell ihre Ketten sprengen, ihre Fesseln und ihre Gelübde!« Etliche Jahre später schreibt Etienne Durand: »Gerne wäre ich manchmal ein Wind, dann könnte ich mich vergnügen mit dem Haar der Urania […].«[117]

Die Liebe zwischen Zephyr und Flora wird in der Malerei ebenso verherrlicht wie in der Literatur; dabei scheint dieser Wind eine Stimme zu sein, die sowohl die Düfte der Natur als auch die Schönheit der Frau verbreitet. Genau dies drückt *Primavera* aus, das berühmte Gemälde Botticellis. Kurzum: Zephyr ist ein Wesen, das gleichzeitig auf der Ebene der Berührung, des Geruchs und des Sehsinns bedeutsam ist.

In ihrem Buch *Petit éloge de la peau* (»Kleine Lobrede auf die Haut«) untersucht Régine Detambel genauestens die Auswirkungen des flüchtigen Windes auf die Epidermis. Der Wind kitzelt, schreibt sie, »diese winzige Stelle auf der Haut, die den ganzen Menschen um den Verstand bringt«. Sie beleuchtet die Vielfalt der Zärtlichkeitsgesten, das »sanfte Streicheln« und die »leichten Berührungen«. Sie erinnert daran, dass die weibliche Lust stärker von Berührungen als von Blicken abhängt. »Wenn sie gestreichelt wird, atmet und pocht die Haut; sie kommt unaufhörlich aus sich heraus und zieht sich wieder zurück«. »Beim Austausch von Zärtlichkeiten gibt es nichts, das dem Menschen widerstrebt«. »Liebkosen bedeutet, einen unendlichen Augenblick zu erleben«. Und so kommt Régine Detambel auf unser Thema zu sprechen: »Für die Zärtlichkeit sollte man die Bildsprache des Windes erfinden; sie ist ein Farbwind, ein Duftwind oder ein Klangwind. Etwas Unsichtbares ohne eine einzige Trübung, an der Grenze zum Spürbaren.«[118]

Kommen wir wieder auf den Frühlings- oder auch Herbstwind Zephyr zu sprechen, wie James Thomson ihn sieht. In *The Seasons* bezeugt Zephyr die Harmonie der Luft, das heißt die Abwesenheit von Zorn:

»Auch lächelte harmonisch die Natur;
Rein war die Luft, von Westen stets gekühlt
Und balsamvoll […].«[119]

Auf seine Art erschafft der Zephyr die Harmonie des irdischen Paradieses:

> »[…] Rein war die Luft,
> Und still die Winde; nur der sanfte West
> Durchsäuselte den blauen Äther […].«

Und Thomson sagt von sich selbst, er sei solchen Feinheiten gegenüber sensibel. Er wünscht, sein Gesang solle voller Wohlgeruch sein und

> » […] mein Lied
> Mit jenem Balsamduft erfüllen,
> Der unaufhörlich durch die Schöpfung weht.«

Er begeistert sich für diese Düfte, die der Westwind ihm zuträgt und

> »Angehaucht die Sinnen und die Seel' erfreut.«

Der Zephyr unterscheidet sich folglich stark vom Windstoß, der ja in seiner Brutalität jede feine Nuance, jede Zartheit, jede Verzauberung missachtet. An anderer Stelle stimmt James Thomson eine Hymne auf die laue Maienluft an:

> » […] laß im Morgenthau
> Uns wandeln, und die frischen Blumen brechen,
> Dein schön geflochtenes Haar zu schmücken, und
> Den Busen, der nach süßem Balsam duftet.«

Und dann kommt der Geliebte … Der Autor entgeht also keineswegs den Stereotypen, deren Ausarbeitung wir bei den Barockdichtern gesehen haben.

Im Sommer machen sich manchmal frühmorgens »herumtollende Zephyre« bemerkbar, und in den »drückenden Mittagsstunden« wehen bisweilen »wohltuende Brisen«. In dieser Jahreszeit – ein weiterer Gemeinplatz – nimmt die Frau gern ein Bad, und die Sinnlichkeit des »überglücklichen« Verehrers erwacht, wenn er sie dabei überrascht. Die Frau entkleidet sich, ihr Kleid flattert im Wind, der es abstreift. Sie vertraut sich dem Wasser an, zögerlich zunächst, weil sie ob einer Brise erschrickt.[120] Und schließlich bringt der Herbst die laue Luft und den Zephyr noch einmal zurück.

Gegen Ende des 18. Jahrhunderts ist James Thomson nicht der einzige Dichter, der das Lob des Zephyrs singt: Diese Rolle übernimmt unermüdlich Salomon Gessner, nicht zu vergessen natürlich all die Zephyre, die Ossian besingt, wie wir gesehen haben. Zitieren wir einige Fragmente der *Idyllen* Gessners.[121]

In jener, die mit »Die Zephyre« überschrieben ist, lädt ein erster Zephyr einen zweiten zunächst ein, gemeinsam einige Nymphen zu umschwirren. Doch letzterer lehnt ab und erklärt: »Ein süsseres Geschäft will ich verrichten. Hier kühl' ich meine Flügel im Rosenthau, und sammle liebliche Gerüche«; eine Unternehmung, die für Daphne bestimmt ist, ein schönes junges Mädchen, das in Kürze seinen Weg kreuzen wird. Mit einem Wort, der Zephyr ist verliebt:

»Hier wart' ich, hier im Rosenbusch, bis ich sie kommen sehe: Mit dem Geruche der Rosen, und mit kühlen Schwingen flieg' ich ihr dann entgegen; dann kühl' ich ihre Wangen, und küsse Thränen von ihren Augen.«[122]

Auf diese Worte hin beschließt der erste Zephyr, es seinem Gefährten gleichzutun. Daphne erscheint. »Auf, da ist sie«, erklärt er, »schwinge deine Flügel; so schöne Wangen habe ich noch nie gekühlt!« Dies als Beispiel für eine Personifizierung verliebter Winde und für einen Dialog zwischen zwei Zephyren, der hier die Idylle ausmacht.

Im Werk Gessners begegnen uns des Öfteren Winde, die eine Frau begehren. In der Idylle »Thyrsis« beschreibt er, wie die Zephyre spielerisch versuchen, die gerade entstehenden Brüste Chloes zu entblößen: »schamhaft [...] hielt sie [...] das Gewand über den jungen Busen fest; denn ihn würde der Wind in seinem Spiel entblösset haben; aber es schmiegte sich um Hüften und Knie, und flatterte sanft rauschend rückwärts in die Luft«. Im Gegensatz dazu bringen Sturmszenen aus dem gleichen Jahrhundert die Kleider nicht zum »Flattern«, sondern pressen sie inmitten des Unwetters auf den Körper der Frau.

Auch die *Poèmes antiques* des Leconte de Lisle lassen diese Rückbesinnung auf die Idylle in der Mitte des 19. Jahrhunderts erkennen, wie allgemein bekannt ist. Beschränken wir uns hier auf diesen kurzen Hinweis, denn wir werden uns diesem Dichter im folgenden Kapitel ausführlicher widmen. Die wesentlichen Aspekte finden sich in dem Gedicht *Les Éolides* (»Die Äoliden«) über die jungfräulichen Töchter des Äolus, einer Hymne an die sanfte Sinnlichkeit der Brisen, die César Franck inspiriert hat:

»Oh schwebende Himmelsbrisen,
Sanfter Atem des schönen Frühlings,
Voller launenhafter Küsse
[…]
Liebkost die Berge und die Ebenen!
Die Luft, in der euer Aufschwung säuselt
Füllt sich mit Wohlgeruch und Harmonie […].«[123]

Was die Zephyre »in ihrem frischen Flug« angeht, so werden sie von Leconte de Lisle bezeichnet als »unsterbliches Lachen, das die Erde verschönert«:

»Oh! wie viele Arme
Und geliebte Schultern habt ihr geküsst
Am Rande heiliger Brunnen,
Auf dem bewaldeten Hang des Hügels!«

Und das Gedicht endet mit einem Gebet, das an die antiken Äoliden gerichtet ist:

»Brisen der göttlichen Monate, sucht uns weiterhin auf […].«

Am interessantesten ist hier vermutlich der Inhalt einer Gedichtskizze:

»Oh Brisen, die ihr aus dem Himmel kommt!
Und die ihr auf alles herunterlacht!
Warum den Weihrauch der Rosen
Mit euren launenhaften Küssen rauben?
[…]
Ihr seid die Brisen des Herzens,
Illusionen, Küsse, Atemzüge!
Und wenn unsere Seelen voll sind,
Flüchtet ihr, milder und spöttischer Gesang!«[124]

Edgard Pich meint, dass dieses Gedicht bei Leconte de Lisle die Sehnsucht nach einer Jugendzeit aufzeigt, in der er dazu neigte, die Antike als Raum des Glücks darzustellen.

Wie die sanfte Brise oder der Zephyr das Kleid der Frau zum Flattern bringt, ihren Körper enthüllt und sie begehrenswert und begehrend macht – all dies wird von Flaubert in einen gänzlich anderen Kontext gestellt. Denn es ist sehr wohl diese Bewegung des Windes, welche die Verführerinnen des Heiligen Antonius besonders begehrend und begehrenswert macht, gleich, nachdem sie ihm erscheinen: »Der Wind, der durch die Zwischenräume der Felsen streicht, spielt melodisch; und in diesem verworrenen Klingen unterscheidet Antonius Stimmen, wie wenn die Luft spräche. Sie sind leise, eindringlich, zischelnd.«[125]

Um den Aspekt der erotischen Kraft des Windes weiterzuverfolgen, sei hier bereits ausnahmsweise auf einen wesentlich später verfassten Text verwiesen, nämlich auf eine Passage aus Jean Gionos *Regain* (»Ernte«), weil diese die Sinnlichkeit des Windes in seiner Wirkung auf den Frauenkörper besonders eindringlich darstellt. Die Szene spielt sich auf »dem Plateau« ab, dort, wo ein starker Wind weht, der ohne Unterlass das Heidekraut peitscht. Dieses Mal handelt es sich nicht um einen Zephyr, sondern um einen starken Windstoß, der den Körper der Arsule, die mit ihrem Geliebten Gédémus an diesen Ort gekommen ist, in einer totalen sexuellen Vereinigung penetriert.

»So folgen sie denn wieder der kaum sichtbaren Spur des Pfades, und von Neuem müssen sie mit dem Winde rechnen. Der kommt ihnen jetzt gerade entgegen und drückt ihnen seine laue Hand beklemmend auf den Mund. Sie halten, um atmen zu können, den Kopf etwas zur Seite und kommen so ein gutes Stück vorwärts. Es ist nicht sehr bequem, aber es geht. Dann fällt es dem Winde ein, ihnen mit seinen Nägeln in die Augen zu fahren. Endlich versucht er gar, ihnen die Kleider auszuziehen, und beinahe hätte er dem Gedemus die Jacke vom Leibe gerissen. Arsula, die den Wagen zieht, muß stark vornübergebeugt gehen in ihrem Brustriemen. Der Wind greift ihr in die Bluse, als sei er dort zu Hause. Er dringt ihr zwischen die Brüste [Vorspiel bei den sexuellen Praktiken der bäuerlichen Bevölkerung, der Auskunft von Spezialisten zufolge] und tastet den Körper hinunter [explizite Gleichsetzung mit einem Vergewaltiger]. Er wäscht und erfrischt sie wie ein Bad [das heißt der Körper ist zur Gänze betroffen]. Schenkel und Hüften sind ihr ganz feucht vom Hauche des Windes. Sie spürt ihn auf sich [Beischlafszene]: lau und blütenhaft duftend, und sie fühlt ein Kitzeln, als werde sie mit Heubündeln gepeitscht sänftiglich [vielfache Sinnesempfindungen; der Wind verfügt über das Wissen der Männer, wie Frauen erregt und zur Hingabe bewegt werden können]. Und da beginnt sie an Männer zu denken. Dieser Wind: wird der nicht plötzlich zum Manne? [explizite Beziehung]«[126]

»Gedemus [...] ist mit zwei Sätzen an ihrer Seite. [...] Er scheint beunruhigt zu sein. Arsula richtet einen zerfließenden Blick auf ihn. [...] Ihr Körper ist in Wallung wie junger Wein.« Als sie schließlich in dem Weiler »La Trinité« eintreffen, ist Arsule erschöpft. »Der Wind ist verschwunden und hinterläßt ein knirschendes, verdächtiges Schweigen.« »Doch immer noch denkt sie an Männer. Sie glaubt zu spüren, wie die Riesenhand des Windes sich einkrallt in ihr nacktes Fleisch.«

Arsule bleibt noch zwei Tage lang aufgewühlt durch dieses männliche Begehren, das ihr der Wind des Plateaus eingeflößt hat. Danach findet sie keinen Schlaf mehr wegen dieses »Bedürfnisses« ... Später gibt sie sich dann nicht Gédémus hin, sondern dem Riesen Panturle, der sie wunschlos glücklich macht.

Es dürfte deutlich geworden sein, dass der Wind – meines Wissens – in keinem anderen Text eine so enge Verbindung mit dem plötzlichen Auftreten einer gesteigerten Lust eingeht; und diese wird, dank seiner Wirkung, unbezwingbar, auch wenn dies in aller Stille geschieht. Diese Seite musste hier zitiert werden, denn sie vereint den Windstoß – mehr als den zarten, streichelnden Lufthauch, den Zephyr – mit ungezügelter weiblicher Lust.

9
Das Rätsel des Windes im 19. Jahrhundert

In der Mitte des 19. Jahrhunderts finden sich unzählige Hinweise auf eine bildliche Vorstellung vom Wind. Um unseren Windspaziergang fortzusetzen, soll hier folglich eine Auswahl getroffen werden. Die Wahl fällt auf drei französischsprachige Autoren, deren den Wind thematisierende Texte mir besonders eindringlich erschienen: Victor Hugo natürlich, Leconte de Lisle und Émile Verhaeren.

Ersterer war, wie allgemein bekannt, von Winden und Unwettern geradezu besessen. In seinem Werk verbinden sich dabei persönliche Erfahrung und spielerische Phantasie. Bei Hugo hängt dieses Thema nicht etwa mit Kindheitserinnerungen zusammen. Denn in seinen Schriften ist der Wind erst von dem Moment an allgegenwärtig, in dem er sich auf Guernsey niederlässt, doch von da an bleibt dieses Motiv bei ihm zeitlebens präsent – bekanntlich verfasste Hugo den größten Teil seines Werks *Les Travailleurs de la mer* (»Die Arbeiter des Meeres«) auf dieser Leuchtturminsel, nachdem er für eine gewisse Zeit nach Paris zurückgekehrt war. Während einer Sturmnacht am 14. Februar 1856 schreibt Victor Hugo, noch im Halbschlaf:

»Oh Wind, der du dein Hornsignal über unseren Köpfen ertönen lässt,
Wind, der du mit einem riesigen Flügelschlag des Sturms
Manchen durchsichtigen Abgrund vor uns aufreißt.
Wir sind wie du Passanten, Umherirrende.
Wie du gehen wir dorthin, wohin der Schatten uns ins Exil schickt,
Und wir gleichen dir darin, dass wir kein Asyl finden.«[127]

Auch wenn es hier erforderlich war, die fortwährenden Winderfahrungen Victor Hugos seit seiner Ansiedlung auf dem Archipel des Ärmelkanals in Erinnerung zu rufen, so liegt doch die eigentliche Bedeutung in seiner Interpretation dieser Erlebnisse, die auf eine Identifikation des Menschen mit dem Wind abzielt.

Dessen ungeachtet scheint es, als liege die angemessenste Methode für eine Definition des Windes in der Gedankenwelt Victor Hugos in der Bestimmung seines Verhältnisses zur Nacht. In seinem Werk kann man das eine nicht ohne das andere studieren, worauf auch Yvon Le Scanff hinweist: »Die Kraft, die das Meer und die Nacht derart miteinander verquickt, ist die der Winde, die scheinbar aus dem Unermesslichen entspringen und diese Macht der Durchmischung mitbringen.«[128] So schreibt Victor Hugo: »Sie sind die Diktatur des Chaos« – die Rache des Chaos an der Schöpfung. Dem Sturmwind gelingt es, »diese beiden Meere übereinander« zu stapeln: Das Luftmeer legt sich dabei über den Ozean, und zwar in einem »wirren

Austausch«, der das Chaos bedeutet. Der Wind beweist, dass »in der Schöpfung immer noch etwas von der Angst vor dem Chaos übrig ist«. In ihm drückt sich »der Zorn des Missachteten« aus, »das Gebrüll des Abgrunds«, »die riesige, viehische Stimme der Welt«, »das unbestimmte Unartikulierte«. Der Orkan mit seinen Winden, »dieser befremdliche, langgezogene, hartnäckige, dauerhafte Schrei [...] ist ein Wehklagen: Der Luftraum jammert und beweist damit seine Daseinsberechtigung«.

In *Les Travailleurs de la mer* beschreibt Victor Hugo die Winde höchst genau: »Die Winde rennen, fliegen, stürzen nieder, enden, beginnen aufs Neue, schweben, pfeifen, brüllen, lachen; [...] sie vergnügen sich« wie kleine Kinder. »Was das Furchtbare ist: Sie spielen. Sie haben einen riesigen Spaß, der sich aus Schatten zusammensetzt«. Dennoch urteilt Victor Hugo nicht über sie, er buht sie nicht aus, denn – so schreibt Yvon Le Scanff: »Die dynamische Erhabenheit [die er der düsteren Erhabenheit des – kaledonischen – Ossanismus und der kolossalen Erhabenheit des Gebirges gegenüberstellt] ist das genaue Abbild des genialen Schöpfers.«

Die andere Ebene der Windvorstellungen Hugos ist jene des Rätsels, wie Françoise Chenet dargelegt hat. Der Wind ist von seinem Wesen her eine sonderbare und beharrliche Stimme, unangenehm wegen ihrer Wiederholungen und der »unerbittlichen Instabilität« eines großen Unbekannten, das vermutlich auf ewige Zeit unergründlich bleiben wird. Der Wind ist ein »Element, das das Unsichtbare spürbar macht«.

Und wie alles, das dem Unbekannten angehört, lädt die »Extravaganz der Luft« zum Träumen ein.[129]

Darin besteht also der zweite Flügel der Vorstellung Hugos vom Wind: Vor allem, darauf sei erneut verwiesen, stellt dieser ein Rätsel dar, welches das »Geschwätz des Abgrunds« zum Ausdruck bringt. Was sagt der Wind? Zu wem spricht er? Wer ist sein Gesprächspartner? In welches Ohr flüstert er?[130] Der Wind reizt Victor Hugo wegen seiner Wesensgleichheit mit einem Rätsel, darum schreibt er ihm noch eine weitere Verhaltensweise zu:

> »Warum dieses Pfeifen, das ja immer gleich klingt? Wozu dieses Knirschen, wo es doch immer dasselbe ist? Was nutzt es, sich in den Wolken heiser zu schreien, nur um die immer gleichen Sachen zu wiederholen? Bringt doch Abwechslung in eure Rufe!«[131]

Françoise Chenet schließt ihre Studie mit einer schwindelerregenden Behauptung: Letztendlich identifiziere sich Hugo mit dem Wind und mache ihn zum wichtigsten Element einer Mythisierung seiner Persönlichkeit. Seine waghalsigste Unternehmung besteht in dem Versuch, die Winde zu bezwingen, um immer weiter in das Luftmeer einzudringen, dem zu jener Zeit die Ballonfahrer trotzen. »Plein ciel« aus *La Légende des siècles* (»Die Legende der Jahrhunderte«) wird diese jüngste Heldentat des Menschen begeistert feiern, jenes »Wanderers in der Unendlichkeit«, aufgebrochen in seinem »hohen Zauberschiff [...], das auf den Wellen des Windes hüpft«.[132]

Erinnern wir uns zum Schluss an die Worte des »Schattenmundes« in dem gleichnamigen letzten Gedicht aus den *Contemplations* (»Betrachtungen«): »Alles spricht«. Sogar im Fallen, im Kerker, hinter Gittern:

»Die Seele sieht das ewige Licht aus weiter Ferne;
Im Baum erzittert sie und spürt noch ohne Tageslicht und Augen
Im Wind ein Stück vom Himmel […].«[133]

Was das Werk des Leconte de Lisle betrifft, so haben wir sein Verhältnis zum Wind bislang kaum gestreift, abgesehen von der Beobachtung, dass er – nach vielen anderen Autoren – die subtile Sanftheit der Brisen und Zephyre beschwört, welche in den *Poèmes antiques* wehen. Doch ist dies zweitrangig, denn Leconte de Lisles eigentliche Rede über die Winde lesen wir in seinen *Poèmes tragiques*, die viel zu häufig der Vergessenheit anheimfallen. Er stellt ihre Kraft und ihre Gewalt dar, ihre erbitterte Raserei und ihr »Gedächtnis«, und zwar mit einer Begabung, die sich sonst nirgends in seinem Werk findet – und dabei handelt es sich keineswegs nur um Stürme und Orkane. Die schrecklichen Winde sind hier allesamt Landwinde und werden von einer Gewalt angetrieben, die der Rache und der Bestrafung entspringt; manchmal bringen sie Entsetzen, Ungerechtigkeit und Unglück mit sich.

Mehrere kurze Ausschnitte aus seinem Werk sollen die einzelnen Facetten dieser Stärke beleuchten, die der Dichter dem Wind zuschreibt. Vielleicht erinnert man sich an den Albatros bei Baudelaire, doch fehlt diesem Gedicht die Gewalt, mit der Leconte de Lisle den Kampf dieses Vogels mit den Winden beschreibt, welche als Hauptfiguren des Gedichts erscheinen:

»In der unendlichen Weite des Steinbocks am Pol
Hört man den Wind brüllen, heulen, pfeifen, röcheln und jaulen,
Er springt über den Atlantik, der ganz weiß ist,
Vor wütendem Geifer. Er stürzt sich darauf und reißt dabei
Das bleiche Wasser auf, das er vor sich herjagt und als Dampf zerstreut;
Er beißt, zerfetzt, zerreißt und zerschneidet die Wolken
In verkrampfte Stücke, durch die ein plötzlicher Blitz blutet;
Er ergreift, umhüllt und stürzt in die Luft
Einen wirren Wirbel von spitzen Schreien und Federn,
Die er schüttelt und über den Kamm der Gischt schleift,
Und während er auf die massige Stirn der Pottwale einhämmert,
Mischt er sein Geheul unter ihre grässlichen Schluchzer.
Allein fliegt der König der Lüfte und der uferlosen Meere
Gegen den Angriff der wilden Sturmböen an.
[…]
Er [der Albatros] spaltet den Wirbel der heiseren Weiten

Und kommt heran, seelenruhig inmitten dieses Entsetzens,
Fliegt vorbei und entschwindet hoheitsvoll.«

Die Häufung der Verben, die den Taten, dem Toben und der Grausamkeit der »wilden Sturmböen« Ausdruck verleihen, schafft einen Kontrast, dessen Funktion in der Heroisierung des Tieres liegt, des alleinigen »König[s] der Lüfte und der uferlosen Meere«, dessen ruhige Hoheit das »Entsetzen« verspottet.

Kommen wir auf jenen Wind zu sprechen, der Bestrafung oder/und Reue ausdrückt. Das Stück, welches das längste und vermutlich das großartigste der *Poèmes tragiques* darstellt, ist »Le lévrier de Magnus« (»Magnus' Windhund«). Magnus hat als Ritter bei einem Kreuzzug gekämpft. Dennoch hat er keine Sarazenen angegriffen; in Wahrheit beging er im Heiligen Land Schandtaten, indem er – so erfährt man durch Andeutungen – auf Kosten der Kreuzritter Wegelagerei betrieb. Leconte de Lisles Gedicht beschreibt ihn nun, wie er in Begleitung seines Windhundes in seinen Bergfried im Land seiner Kindheit zurückkehrt. Doch ungeachtet der Distanz, die ihn zu schützen scheint, hat der Wind nichts von seinen Übeltaten vergessen. Er übt Rache und bringt Zerstörung. Dieser atemberaubende Text, der längste des Bandes, entspricht genau dem Titel der Sammlung.

»Und der Wind verbreitet seine Klage mit Grabesstimme.
Er erschüttert den Bergfried vom Keller bis zum First,
Fährt in das Treppenhaus, das sich in Spiralen windet.

Mit heiserem Geheul, vermischt mit spitzen Schreien,
Füllt er den klaffenden Mauerspalt
Und peitscht die Schließe der aufgerissenen Tür.

Er rüttelt an den Pfeilern der eisenbewehrten Trauben
Oder stößt, in tiefen Winkeln hockend,
Ein bitteres Lachen aus wie ein höhnischer Dämon.

Herzog Magnus hört weder die Schreie noch die Sprünge
Des Windes, der sich durch die Trümmer quält
und im Lauf rundäugige Eulen umwirft.«

Etwas weiter heißt es:

»Draußen heult und wütet immer noch der Wind […].«

Es versteht sich von selbst, dass das schlechte Gewissen, das Magnus von nun an quält, niemals nachlassen wird, da es von einem Wind angefacht wird, der draußen unablässig heult und wütet.[134]

In den *Poèmes tragiques* findet sich ein weiteres, vom Wind herangetragenes Entsetzen: jenes, das in »Le sacre de Paris« (»Die Krönung von Paris«) aufscheint, wo der Wind und seine Böen gleichzeitig das Unglück und den Widerstand der Hauptstadt symbolisieren. Im Laufe der Belagerung von 1870–1871 hört der Wind nicht auf zu heulen, verbreitet Angst und Schrecken und bringt Zerstörung, aber dieses Mal mit dem Ziel der Heroisierung der Stadt Paris und seiner Bevölkerung, deren Krönung er gewissermaßen darstellt. Die Dunkelheit, die Nacht, die Raserei und der Hass des Windes, der peitscht, bläst und donnert, dienen allein dazu, die Größe des unerschütterlichen Paris zu zeigen, das sich diesen Böen nicht ergibt. Es dürfte klar sein, dass dieser Text im Januar 1871 geschrieben wurde, als Paris noch Widerstand leistete.

»Der raue Wind, der über den Hügel und die Ebene streicht,
Kommt heran, aufgeladen mit Abscheu,
Mit höchster Wut, mit Rachsucht und Hass,
Um auf düstere Bollwerke zu prallen.

Er peitscht auf die schweren Kanonen, riesige Meute,
Die liegend auf ihren Posten Wache hält,
Und bläst immer wieder in ihr geöffnetes Maul,
Das er mit einem wirren Geröchel füllt.

Er donnert über den Dächerhaufen, zugeschneite Trümmer,
Gewaltiges, schon geschlossenes Grab,
Aus dem jedoch noch immer unzählige, beklagenswerte,
Schluchzende, raunende Stimmen emporsteigen.«

Etwas weiter folgt ein Hymnus auf Paris.

»Oh Schiff, das du in den Fluten wie in den Böen unerschütterlich bleibst,

Das du unter einem schwarzen wie unter einem gnädigen Himmel
Voller Freude bist und deine triumphalen Segel entfaltest,
Wie siegreich fuhrst du dahin!«[135]

Nach der Lektüre dieses Gedichts erinnert man sich an die Rolle, die dem Wind während der » blutigen Woche« im Mai 1871 zugeschrieben wurde. Im Archiv des Pariser Observatoriums finden sich Belege, dass an jenen Tagen ein Westwind blies, der die Flammen der brennenden Gebäude auf die Partisanen der Kommune herunterdrückte, die sich daraufhin nach Osten zurückzogen. Die Zeitungen von Versailles ließen es sich nicht nehmen, dieses Wetterereignis hervorzuheben, das ihrer Meinung nach ein Zeichen göttlichen Eingreifens war.

Eine ganz andere Vorstellungswelt scheint in jenem Gedicht auf, das Émile Verhaeren speziell dem Wind widmet. Es reiht sich in die symbolistische Strömung ein, die auch jene des Autors ist. Verhaeren bemüht sich nicht, die Raserei des Windstoßes zu beschreiben. Stattdessen macht er den Wind zu einem Symbol der Düsternis und der Tristheit der Landschaft des Nordens; er verfasst eine Gedichtsammlung mit dem Titel *Les Villages illusoires* (»Die illusorischen Dörfer«), im Einklang mit dem traurigen Gefühl der Verbundenheit mit der Natur, mit welcher der Mensch sich identifiziert.[136]

Dieser Gedichtband beschwört den Nordwind, der »in einem Land weht, in dem es nichts zu sehen gibt«, über eine weite Fläche, die wie »von der Leere verdammt« wirkt, in einem Raum »ohne natürliche Orientierungspunkte«, in einem »immateriellen Gefängnis voller Unendlichkeit«. Werner Lambersy zufolge gehören die Gedichte der Sammlung, insbesondere jenes mit dem Titel »Le vent« (»Der Wind«), einer Welt an, »die dem Leid und dem Unglück geweiht ist«. Der Dichter fühlt sich »als Teil dieser leidenden Welt«, die ihm das innerste Wesen des Schmerzes offenbart, welcher »die Lebensnorm« ausmacht.[137]

In »Coïncidence« (»Zufall«) setzt Verhaeren sich selbst in Szene:

> »Oh! diese Strände des Nordens, wie ich ihre Westwinde spüre, die mit Fetzen von Orkanen und Wolken meine Erinnerung durchqueren.«[138]

Er widmet das Gedicht »Les rocs« (»Die Felsen«) all jenen Felsen der Bretagne, die »in Gezeiten und stürmische Geißeln gekleidet sind!«. Sie laden zum Träumen ein von »irgendwelchen Bauten zu Ehren des Raums und des Windes; feststehende Kräfte, Türme und Zinnen aus Einsamkeit«.[139]

In *Les Villages illusoires*, wie gesagt einer Sammlung, die sich oft auf den Wind bezieht, versäumt es Verhaeren nicht, »Le moulin« (»Die Mühle«) zu beschreiben, die sich zwar noch dreht, aber schon im Sterben liegt:

> »Die Mühle dreht sich spät am Abend, sehr langsam,
> Vor einem Himmel voll Traurigkeit und Melancholie,

> Sie dreht und dreht sich, und ihr trubfarbenes Segeltuch
> Ist traurig und schwach und unendlich schwer und müde.«[140]

An anderer Stelle finden sich »Kreuze an Weggabelungen […], an die sich Schreie des Raums und des Chaos klammern, Schreie und Windlumpen in ausgedehnten Gehölzen«.[141]

Bei Sturm sind die großen Brücken »zwar mit Eisen beschlagen, aber windgepeitscht«. In »Les villes« (»Die Städte«) vertraut Verhaeren dem Leser etwas an: Er wendet sich an »Oh meine Seele, die süchtig ist nach Wind«, insbesondere nach schwarzem Wind.[142]

Das Gedicht »Le vent« (»Der Wind«) hätte es verdient, in Gänze zitiert zu werden. Begnügen wir uns mit zwei seiner Strophen:

> »Auf der unendlich langen Heide
> Seht den Wind, wie sein Horn vom November kündet,
> Auf der Heide, unendlich,
> Seht den Wind,
> Der sich zerreißt und sich zerstückelt
> Seinen schweren Atem auf kleine Städtchen schlägt,
> Seht den Wind,
> Den wilden Novemberwind.
> […]
> Der Wind rafft am Wasser entlang
> Die toten Blätter der Birken an sich,
> Der wilde Novemberwind;

Der Wind beißt in den Zweigen
In Vogelnester;
Der Wind raspelt Eisen.«[143]

Allein in dieser Gedichtsammlung gibt es, so Christian Berg, unzählige Zitate, welche Mächte – vor allem den Wind – inszenieren, die unablässig beißen, spalten, zerreißen, abschneiden, aushöhlen, zerreiben, abfeilen oder anbohren.[144] Der Wind stimmt die zerstörerischen Kräfte im Schoße der Natur aufeinander ab und enthüllt damit dem Dichter das Wesen des Schmerzes, welches er symbolisiert.

10

Kurzer Spaziergang im Wind des 20. Jahrhunderts

Begeben wir uns für einen kurzen Abstecher in das nächste, das heißt das 20. Jahrhundert, allerdings nur in Form einer Skizze, um unseren chronologischen Spaziergang im Wind – oder vielmehr durch seine Abwandlungen – nicht allzu abrupt zu unterbrechen. In der französischen Literatur des letzten Jahrhunderts fallen hinsichtlich der Behandlung des Windmotivs zwei Namen besonders auf, und sei es nur, weil das Wort im Titel steht oder aber weil es die Gesamtheit oder einen Teil ihrer Werke bestimmt: Es handelt sich selbstverständlich um Saint-John Perse und um Claude Simon.

Im Jugendwerk des Ersteren[145] ist der Wind Träger einer Dichtkunst, die die Insellandschaft verherrlicht. Soweit ist alles klar, doch was verbirgt sich – wesentlich später – hinter dem Titel *Vents* (»Winde«)? Hier sind Vorsicht und Zurückhaltung angebracht, denn den Kommentatoren schien die Beantwortung dieser Frage äußerst schwierig zu sein; auch müssen wir hier mit großer Nüchternheit vorgehen. Der Text von Saint-John Perse wurde im Jahre 1945 verfasst auf einer kleinen Insel im Bundesstaat Maine, und er wurde erst 1949, also recht spät, veröffentlicht, als der Autor sich wieder der Literatur zuwandte, nachdem er zuvor als Diplomat Karriere gemacht hatte, wie allgemein bekannt ist.

In Übereinstimmung mit Paul Claudel, der die »Winde« kommentiert hat, kann man festhalten, dass sich von Beginn des Werks an ein Bezug ergibt zwischen dem Wind und der Ausdehnung des Raums. Saint-John Perse erstellt eine Liste all jener Naturelemente, die der Wind einbestellt, und führt den Begriff der »großen Wanderwinde« ein, die einen »Speicher des Unermesslichen« darstellen mit der Aufgabe, »unserer Welt das Atmen zu erlauben«.[146] In dieser auf den Raum zielenden Sichtweise ist insbesondere die Beschwörung des – für Amerika typischen – Westwinds hervorzuheben; Saint-John Perse sagt von sich selbst, er »warte auf diese Gärstoffe des Westens«[147]. Claudel zufolge wird seine Lyrik »durch den Raum genährt«, sie stammt von einem Dichter, der »den Raum verschlingt«[148]. Nun gibt es aber, so fügt er hinzu, »nur einen Wind, nämlich den Westwind, der allerdings unterschiedlich lang oder heftig aufleben kann, und zwar mit einer unendlich einfachen Wandlung seiner Absichten«[149].

Mindestens ebenso bedeutsam ist im Text des Saint-John Perse die Beziehung zwischen Mensch, Wind und Zeit. Anspielungen auf Jugend und Alter des Windes und die Überzeugung, dass er die Zeiten verkehren kann, sowie der Wunsch, vergangene Windmenschen zurückzuholen, sind bei ihm überdeutlich.[150]

In meinen Augen eine nicht weniger offensichtliche Lesart der »Winde« des Saint-John Perse: »Die Winde sind stark! Das Fleisch ist kurz! und meine Meinung ist, dass man lebt! mit der Fackel im Wind, mit der Flamme im Wind. / Und wenn jemandem in eurer Nähe das lebendige Antlitz fehlt, muss man ihm das Gesicht mit Gewalt in den Wind halten.«[151]

Weisen wir auch darauf hin, dass er eine Art Hymne auf die Bewegung entwirft, auf den Wind, der von »Kräften der Ungewöhnlichkeit« beherrscht wird: Dieser rettet »in der Wüste des Augenblicks vor dem Rückfluss!«[152] Und auch darauf, dass der Autor sich begeistert dem Belauschen der Lektionen des Windes hingibt, wo er doch bedauert, dass es kein vom Windgedanken durchdrungenes großes Buch gibt. Und beenden wir diese Lehrstunde, indem wir Saint-John Perse sagen hören: »Öffnet eure Portale dem Neuen Jahr … eine Welt wird unter euren Schritten entstehen! […] Beeilung! Beeilung! Ein Versprechen des größten Windes!« Heißen wir den Wind unter uns willkommen als Meister des Gesangs, der uns versichert: »Ich werde den Saft eurer Taten fließen lassen. Ich werde eure Werke zur Reife bringen.«[153]

Wenn wir an dieser Stelle die Kapitel über die phantasievollen Vorstellungen vom Wind mit dem Buch Claude Simons beenden, das mit *Der Wind* überschrieben ist, so ist dieses Vorgehen insofern verfehlt, als in diesem Roman in hohem Maße die persönlichen Winderfahrungen des Autors durchscheinen. Dennoch hat der Roman Claude Simons mit dem vollen Titel *Le Vent. Tentative de restitution d'un retable baroque* (»Der Wind. Versuch der Wiederherstellung eines barocken Altarbildes«) als Abschluss dieses

Kapitels seine Berechtigung, da er meiner Meinung nach die ganze Tiefe des Gegenstandes »Wind« in einem fiktionalen Werk aufzeigt.[154]

In dem Roman stellt der Wind den Kontrapunkt zur Handlung dar oder auch den »Basso continuo des Dramas«. Es handelt sich hier um die Tramontane, die von Nordwest über das Languedoc und das Roussillon weht. In dieses Gebiet verlagert sie eine unnötige Gewalt, eine Raserei ohne Sinn, ohne Gegenstand und ohne Vorwand, wie Gaston Bachelard über den Wind schreibt.

Auch stellt der Wind hier eine Kraft unter Beweis, die der Natur Gewalt zufügt, vor allem den Pflanzen, die ihm zu widerstehen versuchen. Er greift die Materie der Welt an, den Staub wie den Sand. Sein Verlauf ist einfach: Er ist überall; und die Stadt, in der sich der Roman abspielt, ist überall von ihm durchdrungen; unter den Windstößen fliegen die Gegenstände davon. Der Wind ist ein allgegenwärtiger Lärm, er hat aber ebenso eine taktile Präsenz. Er verhindert das Anzünden einer Zigarette.

Wenn er sich legt, manchmal für lange Zeit, wenn sein Wimmern und seine Wutausbrüche aufhören, bleibt er gleichwohl im Gedächtnis haften. Er schafft Erinnerungen. Aus diesem Grund ist er durch das Fehlen einer Zeitgrenze gekennzeichnet. Laut Jean-Yves Laurichesse steht der Wind in Claude Simons Roman für das große Sinnbild der Zeit.[155] Er ist eine gequälte Seele, »verdammt dazu, sich ohne Ende zu verausgaben«, und ohne die Hoffnung auf ein Ende zu nähren. In diesem Sinne ist der schwarze Wind Claude

Simons Ausdruck des Abgrunds der Ewigkeit. Bei Eugène Sue erreicht der »ewige Jude«, der dazu verdammt ist, auf seiner Wanderung ohne Unterlass den Wind zu durchmessen, in einem Polarsturm die Ränder der Erde.[156] Dies ist der Wind, der die Segel des Geisterschiffs bläht und denselben Typus des Ausgestoßenen begleitet.

Aber es geht noch darüber hinaus: Aus seinem Angriff, seiner Wut, seinem Lärm und vor allem seinem Wehklagen könnte man einen an den Menschen gerichteten Vorwurf des Windes herauslesen, der ja Opfer einer ewigen Verdammnis ist, dazu verurteilt, nicht zu sterben – nämlich den Vorwurf, dass der Mensch seinerseits das Glück hat, dem Tod begegnen zu dürfen.

11
Der Wind, das Theater und das Kino

Nachdem das illusionistische mechanische Kleintheater *Eidophusikon* des Philip James de Loutherbourg (1781) und auch diverse »Dioramen« einen riesigen Erfolg hatten, waren es sich die Theaterdirektoren schuldig, ein Publikum zufriedenzustellen, das hinsichtlich des akustischen Hintergrunds und vor allem der Modulationen der Windgeräusche anspruchsvoll geworden war. Denn nun war es für den Zuschauer in vielen Theaterstücken unentbehrlich, den Wind zu hören oder ihn gar zu spüren. Was wäre eine Aufführung von *Macbeth* ohne jeglichen Wind auf der Heide der Hexen oder während der Ermordung des Königs? Im 19. Jahrhundert waren folglich bestimmte Theaterschaffende besonders achtsam oder sogar anspruchsvoll bei allem, das die Wiedergabe des Windes auf der Bühne betraf. Dies war etwa bei Henrik Ibsen der Fall, was auch naheliegt: So wird etwa die Schlussszene seines Stücks *Naar vi døde vågner* (»Wenn wir Toten erwachen«) mit Windgeräuschen eröffnet, worauf der Schauspieler ausruft: »Hört ihr die Windböen?«[157] Im Laufe der Aufführung dieses Stücks beziehen sich mehrere Figuren auf die Witterungsbedingungen, ob es sich nun um ein Gewitter, um einen schrillen Windstoß oder um die Steigerung eines Sturms handelt.

Windmaschine, aus: *L'envers du théâtre. Machine et décorations*, M. J. Moynet, Paris 1873.

Alle Theater des 19. Jahrhunderts fühlten sich also verpflichtet, bei Bedarf das Wehen des Windes zu Gehör zu bringen oder auch als taktilen Reiz zu realisieren. Ein jedes besaß zu diesem Zweck mehr oder weniger ausgefeilte Windmaschinen. In den Theatern Londons, besonders aber im Drury Lane, waren die Regisseure um eine malerische akustische Kulisse überaus bemüht.

Doch selbst die bescheidensten Schauspielhäuser besaßen eine Windmaschine. Diese bestand damals aus »einem Zylinder, der auf einem Rahmen angebracht und mit einem Leintuch abgedeckt war«, welches an diesem Rahmen befestigt war. Wenn man »den Zylinder drehte, erzeugte die Reibung der Holzlamellen auf dem Stoff das Windgeräusch. Durch eine Änderung der Drehgeschwindigkeit des Zylinders und der Spannung des

Stoffbezugs konnte der darauf spezialisierte Maschinist die Lautstärke und dic Tonqualität des Windgeräusches beliebig variieren.«[158] Gegen Ende des Jahrhunderts erlaubte es dann die Verwendung von Seide anstatt eines Leintuches, »das Pfeifen des Windes, der in die Schornsteine oder die Flure fährt, täuschend echt«[159] nachzuahmen.

Die meisten Maschinen waren von kleinem Ausmaß und fast immer tragbar. Sie wurden von qualifizierten Maschinisten betrieben, die sich der gerade gespielten Szene anzupassen hatten, indem sie die Geschwindigkeit und den Rhythmus der Zylinderdrehung abwandelten und die Spannung der Seile oder jene des Tuchs veränderten, die das Windgeräusch imitierten.

Dessen ungeachtet ist die Bedeutung des Windes auf den Theaterbühnen des 19. Jahrhunderts kaum nennenswert, wenn man sie mit jener vergleicht, die ihm das Kino beimessen sollte. Dieses ist imstande, den Wind und seine Bewegung aufzunehmen und dem Zuschauer den rätselhaften Durchzug der Winde durch sinnliche Wahrnehmung zu vermitteln. Wie Benjamin Thomas schreibt, »scheint der Wind, sobald er in einen Kinofilm eingeht, dessen Substanz auszudrücken, so dass man versucht sein könnte zu behaupten: *Kino heißt Wind*, und dass sie die Zugehörigkeit zur absoluten Bewegung gemein haben, die eine Zeitlang jene Gegenstände in Bewegung setzt, die der Wind umgibt, streift und durchdringt«.

Um es anders auszudrücken, wobei noch einmal Benjamin Thomas zitiert sein soll: Das Kino zielt auf »die faszinierende Schönheit der freien Variationen der

Naturelemente«. Aus diesem Grund ist es berechtigt, von einer »Anemophilie«, einer Windliebe des Kinos zu sprechen.[160]

Seit seiner Entstehung – und diesbezüglich sei das Blätterrauschen im Hintergrund des Films *Repas de bébé* der Gebrüder Lumière aus dem Jahr 1895 erwähnt – avanciert der Wind hier zur »wichtigsten Atmung der Welt in Bildern«[161]. Sobald er in einem Film auftaucht, bringt der Wind ein Stück Realität ein, ein Anzeichen der Wirklichkeit als Kontrast zur dargestellten Fiktion. Er baut in den Film eine unmenschliche, bekanntlich rätselhafte Wahrheit ein sowie – und das scheint widersinnig – eine gewisse Gleichgültigkeit gegenüber dem menschlichen Schicksal. Der Wind, meint Elisabeth Cardonne-Arlyck, ist die primäre Gestalt der Bewegung, in der sich die Realität abzeichnet. Nach Benjamin Thomas »erklärt der Wind die Macht des Films, sich als eine Welt zu errichten«, noch bevor die eigentliche Handlung einsetzt.[162]

Natürlich unterscheiden sich die Formen und Funktionen des Windes von einem Film zum anderen. Manchmal gerät ein Windstoß zu einem Monster inmitten einer Wetterkatastrophe, jene Extremgewalt des Windes, die Tod und Wahnsinn mit sich bringt, eine Übertragung des »schlechten Windes«, der uns in der Literatur begegnet und den Victor Hugo in *Gastibelza* veranschaulicht hat, einem Gedicht, das jenem in den Mund gelegt ist, den der durch das Gebirge fegende Wind in den Irrsinn getrieben hat.

Bisweilen avanciert der Wind im Film zu einer Allegorie,[163] indem er eine Macht symbolisiert, die als

Une Histoire de vent, Fotografie aus dem Film von Joris Ivens, 1988.

Off-Stimme erscheint: Dies kann der hohe Norden sein, das Jenseits, eine Revolution … Im letzten Fall gerät der Wind zum Sinnbild der neuen Zeit, die angebrochen ist. Entsprechend kann der Wind auch als Genius loci auftreten; dies ist der Fall auf der Insel Guadalcanal in *The Thin Red Line* (»Der schmale Grat«) von Terrence Malick.[164] Eine weitere mögliche Rolle des Windes im Film besteht darin, nicht ein Ereignis zu symbolisieren, sondern sich selbst als Höhepunkt zu gebärden, eine »echte apokalyptische Aura« anzunehmen, in dem Moment, in dem die Windstöße zu Monstern werden.

Eine wichtige Frage bleibt noch zu beantworten: Wie filmt man Wind? Das fragt sich im Jahre 1988 Joris Ivens, der Regisseur von *Une histoire de vent* (»Eine

Geschichte über den Wind«). Die Tonspur kann die Bilder vom wehenden Wind unterstützen, wenn er etwa Gegenstände zerbricht oder davonträgt. Der Regisseur kann sich aber auch auf die Reaktion der Menschen konzentrieren, die seinem Angriff ausgesetzt sind, wie in *Le Tempestaire* (»Herrscher über die Stürme«) von Jean Epstein, oder er kann bei den tausend Formen des reinen Bewegungsvermögens verweilen, das wiederum Benjamin Thomas benennt: eine Sturmbö, die »beim Angriff auf eine Höhenlage Staub aufwirbelt«; »Pferde, deren Mähne tänzelt«; Augen, die im Wind zusammengekniffen werden; und natürlich lange Einstellungen von Bäumen, die sich im Wind biegen, oder von einer sich kräuselnden Wasserfläche.

In *Le Tempestaire* von Epstein zeigen mehrere aufeinander folgende Szenen: »einen Mann, der sich gegen den Wind stemmt und dabei mit einer Hand seinen Hut festhält; zwei Polizisten, deren stattliches Auftreten durch den Mistral zunichte gemacht wird; eine Braut, deren Schleppe sich wegen der Windböen verselbständigt; eine junge Frau, die ihren Rock festhalten muss, den der Wind laufend hochhebt«[165]. Und jeder erinnert sich an das Lüftungsgitter, über dem Marilyn Monroes Rock hochgeweht wird, ohne dass hier freilich von einem Zephyr die Rede wäre.

Es gibt noch subtilere Szenen: etwa jene Begegnung, in der eine zärtlich geliebte Schönheit gewissermaßen dadurch betont wird, dass sie dem hartnäckigen Wind im Laubwerk der Umgebung gegenübergestellt wird. Dies trifft auf die strahlende Schönheit Monica Vittis in *L'eclisse* (»Liebe«) von Michelangelo Antonioni zu.[166]

Im Laufe der Filmgeschichte des Windes kommt eine Szene immer wieder vor: das Aufhängen von Wäsche, wobei der Wind sich diese Wäsche buchstäblich selbst anzieht. Sein Wehen allein löst beim Zuschauer eine ganze Palette von Empfindungen und Erinnerungen aus, die den Wind mit Kleidung in Verbindung bringen, mit Vorstellungen von Sauberkeit, mit Hausarbeit, mit Sexualität, mit Abwandlungen der Formen des Windes – vom Lufthauch bis zum Windstoß –, und mit Symbolen des Erfolgs oder des Scheiterns.

Schließen wir dieses Kapitel mit dem schönsten Geschenk, das das Kino jedem macht, der sich für vom Wind entfachte Emotionen interessiert: Noch stärker als die Literatur, die Musik oder die bildende Kunst ist der Film das Medium, das auf vielfache Weise imstande ist, »das mysteriöse Vorbeiziehen des Windes«[167] zu offenbaren oder vielmehr wahrnehmbar zu machen.

Nachspiel

Gibt es heutzutage neue praktische Erfahrungen mit dem Wind, die man hier all jenen hinzufügen könnte, die schon aufgezeigt wurden? Heute unternimmt eine Vielzahl von Forschungsreisenden auf der Suche nach Sinnesreizen und Emotionen im Alleingang Touren in etliche Gegenden der Erde. Daher kann die Antwort auf unsere Frage nur bejahend ausfallen, und sei es schlicht, weil sich die moderne Sensibilität gegenüber jener früherer Zeiten verändert hat.

An dieser Stelle zeichnet sich die Entstehung eines neuen Buches ab, das demnach dem zeitgenössischen Verhältnis zwischen Mensch und Wind gewidmet wäre. Dieses Buch könnte als Einleitung den bewundernswerten Bericht Jean-Paul Kauffmanns enthalten, der *L'Arche des Kerguelen. Voyage aux îles de la Désolation* (»Der Kerguelen-Bogen. Reise zu den Inseln der Trostlosigkeit«) betitelt und 1993 erschienen ist.[168] Man könnte meinen, er trete – ein Jahrhundert später – die Nachfolge der Erfahrungen von John Muir an, allerdings in einem ganz anderen Teil der Erde; abgesehen davon handelt es sich um ein Buch, das Seite für Seite erklärt, dass der Wind in diesem gesamten Landstrich des Südpolarmeeres die Hauptfigur darstellt. Lauschen wir Jean-Paul Kauffmann: »Auf den Kerguelen-Inseln bläst ein Wind, der in anderen Gegenden der Welt, die dieser große Forscher bereist hatte, unbekannt ist. In diesem Tal, das ich für ausgestorben hielt, wurde mir offenbar, warum der Wind am Anfang der Schöpfung stand«.

Der Autor spricht davon, dass er den Grund für die Einzigartigkeit dieses Windes des Kerguelen-Archipels entdeckt habe: Er pfeife niemals. »Kein einziges Hindernis widersetzt sich ihm: keine Bäume, keine Häuser, keine Stromleitungen, keine Zäune. Er dröhnt, statt jene schrillen Töne zu verbreiten, an die wir in unserer zivilisierten Welt gewohnt sind. Seine Stimme hat die Macht der Gesänge der orthodoxen Liturgie.« Hinzu kommt das Gefühl eines Lawinenabgangs aus großer Höhe. »Ich habe das Gefühl«, schreibt Jean-Paul Kauffmann weiter, »dass sich hinter uns ein Geröll von Windböen herabstürzt. Die Erde vibriert, und ich habe Angst.«

Der Autor skizziert außerdem eine unerwartete Beziehung zwischen Wind und politischer Macht: »Der Wind regiert den Archipel, obwohl diesen Bezirk offiziell die französische Staatsgewalt kontrolliert. Gegenüber dem Wind hat nichts und niemand die Oberhand. Man kann eine brennende Wüste unterwerfen, frostige Weiten oder ein feuchtes Klima. Nicht aber den Wind.« Als wäre es ein Echo auf einen Prediger-spruch: »Niemand hat die Macht, den Wind einzusperren«. »Der Wind verkündet auf den Kerguelen-Inseln die absolute Flüssigkeit der Dinge. Der Augenblick hat keine Dichte, und die Zukunft wird es nicht geben.« Hier herrscht »die Abwesenheit der Klebrigkeit der Zeit.«

Das gesamte Buch ist eine Beschreibung der Brutalität des Windes. Was das Wasser betrifft, »das durch die Böen vernichtet wird, so zerstäubt [es] in kleine Teilchen, die wie tausend Glühwürmchen herumfliegen.« Die Hoheitsgewalt des Windes verändert sich in großer Höhe: »In der Stille der Höhe weht der Wind mit einer erstickten und schmerzerfüllten Stimme. Seine Atmung ist sprunghaft. Sie wiederholt sich in erstickten Zuckungen.« Im Gebirge »ist der Wind ein Organist, dessen vervielfachter Körper auf Basaltpfeifen souverän und flüssig seine Tonleitern spielt.« Hier herrscht »der regelmäßige Luftstrom des Weltgebläses.« Auf dem Kerguelen-Archipel war der Versuch, eine Walfangstation einzurichten, zum Scheitern verurteilt: »Die austrocknende Kraft« des »Windfeuers« hatte alles verdorren lassen; übrig blieben nur Ruinen.

Seite für Seite zählt Jean-Paul Kauffmann katalogartig Windformen auf, die ich persönlich in keinem anderen Buch über ein anderes Gebiet der Erde entdecken konnte. Auf den Kerguelen-Inseln »grollt […] der Wind mit einer Stimme, die aus einer anderen Welt kommt.«[169]

So endet nun unser Spaziergang durch diese elementare Kraft, den Wind, der schon immer im Zentrum menschlicher Erfahrungen stand, jahrtausendelang völlig mysteriös blieb und dann nach und nach gezähmt wurde, ohne dass seine traumartige Kraft je ausgelöscht wurde – das Gefühl seiner Verbindung mit dem Ursprung der Welt, mit dem Odem der Schöpfung, sowie seine Art, Bote des Vergessens und – durch seine intensive Tiefe – Vorahnung des Todes zu sein.

Anmerkungen

1 Horace Bénédict de Saussure: *Voyages dans les Alpes*, 1784, übersetzt nach: https://www.digitale-sammlungen.de/de/view/bsb11249916?page=5, abgerufen am 23.05.2023.
2 Dieses Erfordernis bzw. diese Belüftungspolitik habe ich unlängst ausführlicher behandelt: s. Alain Corbin: *Le Miasme et la jonquille. L'odorat et l'imaginaire social*, Paris, Aubier, 1982. Deutsche Ausgabe: *Pesthauch und Blütenduft. Eine Geschichte des Geruchs.* Wagenbach, Berlin, 2005.
3 Alexander von Humboldt: *Kosmos: Entwurf einer physischen Weltbeschreibung*, Bd. 1, Stuttgart/Tübingen, Cotta, 1845, S. 332 und S. 366.
4 Zu diesen Aspekten s. Fabien Locher: *Le Savant et la tempête. Étudier l'atmosphère et prévoir le temps au XIXe siècle*, Rennes, Presses universitaires de Rennes, 2008, und Numa Broc: *Une histoire de la géographie physique en France (XIXe-XXe siècles). Les hommes, les œuvres, les idées*, Perpignan, Presses universitaires de Perpignan, 2010, Bd. 1, S. 187–202.
5 Zu Léon Brault und seinem Werk s. Fabien Locher: *Le Savant et la tempête …*, op. cit., S. 154–159.
6 Francis Beaufort hatte am 13. Januar 1806 eine fortlaufende, nummerierte Windskala vorgestellt, die auf den zu befehlenden Kurs von Segelkriegsschiffen abgestimmt war. Im Jahr 1838 verfügte die Admiralität ihre verpflichtende Verwendung in der Royal Navy.
7 Jean-François Minster: *La Machine-Océan*, Paris, Flammarion, 1997, S. 48.
8 Jean-Pierre Destand: *Éole(s) en Languedoc: une ethnologie sensible*, in: *Ethnologie française*, Nr. 39/4, 2009, S. 598–608.
9 Martine Tabeaud/Constance Bourtoire/Nicolas Schoenenwald: *Par mots et par vent*, in: Alain Corbin (Hg.): *La Pluie, le soleil et le vent. Une histoire de la sensibilité au temps qu'il fait*, Paris, Aubier, 2013, S. 69–88.
10 Patrick Boman: *Dictionnaire de la pluie*, Paris, Seuil, 2007, S. 361 (»Vents de pluie«).
11 Alphonse Daudet: *Lettres de mon moulin*, Paris, Le Livre de poche classique, 1994, S. 30 f. und S. 221 f.
12 Anouchka Vasak: *Héloïse et Werther, Sturm und Drang: comment la tempête, en entrant dans nos cœurs, nous a donné le monde*, in: *Ethnologie française* Nr. 39/4, 2009, S. 677–685.

13 Pauline Nadrigny: *L'écho des bois: une création originale de la Nature*, in: Jean Mottet, (Hg.): *La Forêt sonore. De l'esthétique à l'écologie*, Seyssel, Champvallon, 2017, S. 60. Zu Samuel Taylor Coleridge s. *La harpe éolienne*, in: *La Ballade du vieux marin et autres poèmes*, Paris, Gallimard, 2007, S. 114–119.
14 Maine de Biran: *Journal*, Hg. von Henri Gouhier, Neuchâtel, La Baconnière, 1957, Bd. 3, S. 33.
15 Henry David Thoreau: *Journal (1837–1861)*, Paris, Denoël, 2001, S. 67, S. 77 und S. 114.
16 Eugène Delacroix: *Journal (1822-1863)*, Paris, Plon, 1980, S. 751.
17 Madame de Sévigné: *Correspondance*, zitiert von Ricord, Marine: *Parler de la pluie et du beau temps dans la Correspondance de Mme de Sévigné*, in: Becker, Karin (Hg.): *La pluie et le beau temps dans la littérature française*, Paris, Éditions Hermann, 2012, S. 174, S. 175 und S. 179.
18 S. dazu generell Anouchka Vasak: *Naissance du sujet moderne dans les intempéries. Météorologie, science de l'homme et littérature au crépuscule des Lumières*, in: Karin Becker (Hg.): *La pluie et le beau temps dans la littérature française …*, op. cit., S. 237–255.
19 Ebd., bes. S. 251.
20 Alain Corbin: *Le Territoire du vide. L'Occident et le désir du rivage*, Paris, Aubier, 1988, S. 41. Deutsche Ausgabe: *Meereslust. Das Abendland und die Entdeckung der Küste.*, Frankfurt a. M., Fischer Taschenbuch Verlag, 1994.
21 Ebd., S. 85 f.
22 Anthony Relhan: *Short History of Brighton Stone on its Air and on Analyses of its Waters*, und *The Torrington Diaries …*, Eyre and Spottiswoode, 1934.
23 Bernardin de Saint-Pierre: *Études de la Nature*, Saint-Étienne, Publications de l'université de Saint-Étienne, 2007, S. 465 und S. 470 f.
24 François-René de Chateaubriand: *Mémoires d'outre-tombe*, Bd. 1, Buch I-XII, Paris, Garnier, 1989, S. 75, 131, 137, 145 ff.
25 François-René de Chateaubriand: *Atala, René*, Le Dernier des Abencérage, Paris, Gallimard, 1971, S. 151, 158 f. und 177.
26 Alain Corbin: *Les émotions individuelles et le temps qu'il fait*, in: Alain Corbin/Jean-Jacques Courtine/Georges Vigarello (Hg.): *Histoire des émotions,* Paris, Seuil, 2017, S. 43–57, bes. S. 49.
27 Maine de Biran: *Journal*, op. cit., S. 48 f., 52, 83, 85 f.
28 Claude Reichler: *Météores et perception de soi: un paradigme de la variation liée*, in: Karin Becker (Hg.): *La pluie et le beau temps dans la littérature française …*, op. cit., S. 213–236.
29 Maurice de Guérin: *Œuvres complètes, Lettre à Raymond de Rivières, 1833,* übersetzt nach: https://gallica.bnf.fr/ark:/12148/bpt6k202373d/f1.item, abgerufen am 23.05.2023.

30 Ebd., *Le Cahier vert.*
31 Ebd.
32 Ebd.
33 Zu den obigen Ausführungen s. Anouchka Vasak, die über die Katastrophe und ihren geistesgeschichtlichen Kontext ausführlich berichtet, in: *Météorologies. Discours sur le ciel et le climat, des Lumières au romantisme*, Paris, Honoré Champion, Reihe »Les dix huitièmes siècles«, 2007, S. 37 f. Das Zitat von Henri-Alexandre Tessier: *L'orage du 13 juillet 1788*, übersetzt aus ebd., S. 78 und 85.
34 Ebd., S. 87.
35 Ebd., S. 95.
36 Louis Antoine de Bougainville: *Voyage autour du monde*, 1771, übersetzt nach: https://www.digitale-sammlungen.de/de/view/bsb10466405?page=11, abgerufen am 23.05.23.
37 Anouchka Vasak: *Joies du plein air*, in: Guilhem Farrugia/Michel Delon (Hg.): *Le Bonheur au XVIIIe siècle*, Rennes, Presses universitaires de Rennes, Reihe »La Licorne«, 2015, bes. S. 193 »Transports aériens, ballons et hommes volants«. Siehe auch die große Überblicksdarstellung zur Geschichte der Ballonfahrt von Marie Thébaud-Sorger: *L'Aérostation au temps des Lumières*, Rennes, Presses universitaires de Rennes, Reihe »Histoire«, 2009, bes. S. 247–253: »Au cœur des éléments« und »Sentir et mesurer«. Nicht zu vergessen ihren folgenden Artikel: *La conquête de l'air, les dimensions d'une découverte*, in: *Dix-huitième siècle* Nr. 31, 1999, S. 159–177.
38 Raphaël Troubac: *Le théâtre que des hommes voyaient pour la première fois. Les impressions physiques et morales des premiers hommes à avoir atteint de hautes altitudes en ballon* (1783–1850), Magisterarbeit im Fach Geschichte, betreut von Alain Corbin, Universität Paris-I Panthéon-Sorbonne, 1999. Diese Examensarbeit steht in engem Zusammenhang mit unserem Projekt.
39 S. zu diesem Aspekt ebd., S. 8 f.
40 Ebd., S. 35–36. Für die Darstellung der Eindrücke und Empfindungen schöpfen wir hier ausgiebig aus dieser Abschlussarbeit.
41 Zu all diesen Aspekten siehe Fabien Locher: *Le Savant et la tempête …*, op. cit., »Au cœur de l'atmosphère. Les voyages aériens de Camille Flammarion«, S. 169 f.
42 Zu diesem und auch den folgenden Zitaten s. Guy de Maupassant: *En l'air et autres chroniques d'altitude*, Paris, Les Éditions du Sonneur, 2019, Vorwort von Sylvain Tesson, S. 37, 41, 42, 45 und 49.
43 James Thomson: *The four seasons, and other poems*, London 1735, S. 40 f.
44 René Caillié : *Voyage à Tombouctou*, 1830, Paris: La Découverte poche, Reihe »Littérature et voyages«, 1996, Bd. II, S. 279 f.

45 Guy Barthélemy: *Fromentin et l'écriture du désert*, Paris, L'Harmattan, Reihe »Critiques littéraires«, 1997, S. 27.
46 *Die Wüste. Symphonie-Ode in 3 Abtheilungen. Mit declamirten Strophen, Gesängen, Chören und grossem Orchester.* Deutscher Worttext von Ferdinand Braun. Musik von Félicien David, München, J. Rösl, 1846, S. 5.
47 Gustave Flaubert : *Notes de voyages*, 1910, übersetzt nach: https://fr.wikisource.org/wiki/Notes_de_voyages/%C3%89gypte, abgerufen am 20.05.23.
48 Jules Verne: *Cinq semaines en ballon*, 1863, Paris, Maxi-livres, 2005, S. 232 f.
49 Henry David Thoreau: *Cape Cod*, 1865, übersetzt nach: https://www.gutenberg.org/files/34392/34392-h/34392-h.htm, abgerufen am 23.05.23.
50 Barbara Maria Stafford: *Voyage into Substance.* Art, Science, Nature and the Illustrated Travel Account, 1760–1840, Cambridge (Mass.)-London, MIT Press, 1984.
51 John Muir: *The Yosemite*, 1912, übersetzt aus: John Muir: *Célébrations de la nature*, José Corti, Reihe »Domaine romantique«, 2011, S. 202.
52 Ebd., S. 263.
53 Ebd., S. 93.
54 Ebd., S. 193.
55 Ebd.
56 Ebd., S. 195.
57 Ebd., S. 197.
58 Ebd., S. 198.
59 Ebd.
60 Ebd., S. 201 f.
61 Ebd., S. 201.
62 Sofern nicht anders ausgewiesen, folgen alle deutschen Bibelzitate der Lutherbibel: *Die Bibel nach Martin Luthers Übersetzung*, © www.die-bibel.de/bibeltext. Französische Zitate bei Alain Corbin nach der *Bible de Jérusalem*, Paris, Éditions du Cerf, 2001.
63 Bible de Jérusalem, op. cit., S. 38. Bei Luther, op. cit., heißt es: »Der Geist Gottes schwebte über dem Wasser« (1 Mo 1,2).
64 Luther, op. cit., 1 Kön 19.11.
65 Luther, op. cit., Hi 27,21.
66 Luther, op. cit., Ps 1,4; Ps 18,11; Ps 18,16; Ps 50,3; Ps 78,26; Ps 104,3; Ps 107,25-29; Ps 135,7; Ps 148,8.
67 Luther, op. cit., Pred. 1,6 und 1,14.
68 *Bible de Jérusalem*, op. cit., S. 1344, 1347, 1358. Für das folgende Zitat (»Es gibt Winde …«) cf. Luther, op. cit., Sir. 39,28.

69 Luther, op. cit., Jer. 4,11 und Jer. 10,13.
70 Luther, op. cit., Jer. 49,36.
71 Luther, op. cit., Hes. 10,10.
72 *Bible de Jérusalem*, op. cit., S. 1829.
73 Luther, op. cit., Nah. 1,2–3.
74 Luther, op. cit., Sach. 6,5–8.
75 Luther, op. cit., Mat. 8,24–27.
76 Luther, op. cit., Mk. 4,37–39.
77 Luther, op. cit., Joh. 6,17; Joh. 14–16.
78 Luther, op. cit., Apg. 27,14.
79 Luther, op. cit., Offb. 7,1.
80 Homer: *Ilias/Odyssee*, zitiert nach: www.zeno.org/Literatur/M/Homer/Epen/Odyssee/10.+Gesang, abgerufen am 20.05.23.
81 Ebd.
82 Ebd.
83 Ebd.
84 S. Violaine Giacomotto-Chiarra: *Le ›magazin des vents‹: les enjeux de l'exposé météorologique dans La Sepmaine de Du Bartas*, in: Karin Becker (Hg.): *La Pluie et le beau temps dans la littérature française*, Paris, Hermann, 2012, S. 147, 149 f.
85 Ebd., S. 158.
86 John Milton: *Das verlorene Paradies*, 1667. Übersetzung von Adolf Böttger, Leipzig o.J., S. 107.
87 Ebd., S. 126.
88 Ebd., S. 255–256.
89 Ebd.
90 Friedrich Gottlieb Klopstock: Werke, Bd. 1: Der Messias, Berlin, Hempel 1879.
91 Ebd., S. 88.
92 Jean-Baptiste Cousin de Grainville: *Le Dernier Homme*. Nach der Edition von Charles Nodier, 1811.
93 Ebd., Siebter Gesang.
94 Torquato Tasso: *Das befreite Jerusalem*. Berlin 1855, S. 235.
95 Ebd.
96 Ebd., S. 128.
97 Pierre de Ronsard: *La Franciade*, 1572, übersetzt nach: https://gallica.bnf.fr/ark:/12148/bpt6k70042b/f2.item, abgerufen am 22.05.23
98 Luis de Camoens: *Die Lusiaden. Heroisch-episches Gedicht*, Hildburghausen, Verlag des Bibliographischen Instituts 1869, S. 22–23. Das folgende lange Zitat (»Auch sah ich sicherlich …«) findet sich auf S. 123–124.
99 Yvon Le Scanff: *Le Paysage romantique et l'expérience du sublime*, Seyssel, Champ Vallon, 2007.

100 Ebd., S. 38.
101 François-René de Chateaubriand: *Geist des Christentums.* Übersetzung von Hermann Kurtz, Abteilung 3, Buch 3, Ulm, Heerbrandt und Thämel 1844, S. 82.
102 Yvon Le Scanff: *Le Paysage romantique* ..., op. cit., S. 27, 31 und 38.
103 Ebd., S. 43.
104 Ossian/James Macpherson: *Fragments de poésie ancienne*, édition préparée par François Heurtematte, Paris, José Corti, »Collection romantique« Nr. 23, 1990, Fragment III, S. 85 und S. 87.
105 Ebd., Fragment VIII, nach der Übersetzung von Suard, S. 113 und S. 115.
106 Ebd., Fragment X, nach der Übersetzung von Suard, S. 125, 127 und 129.
107 Ebd., Fragment XII, »Ryno und Alpin«, nach der Übersetzung von Turgot, S. 139.
108 Ebd., Fragment XIII, nach der Übersetzung von F. Heurtematte, S. 143 und S. 147.
109 James Thomson: *Die Jahreszeiten*, Braunschweig, Friedrich Vieweg 1823.
110 Ebd., S. 175.
111 Ebd., S. 178.
112 Ebd., S. 203 f. Für das vorangehende Zitat ebd., S. 196.
113 Dieses und das vorangehende Zitat ebd., S. 212.
114 Ebd., S. 213.
115 Ebd., S. 213–214.
116 Véronique Adam: *Écho aux quatre vents – la poétique de l'air dans la poésie baroque* (1580-1640), in: Michel Viegnes (Hg.): *Imaginaires du vent,* Paris, Imago, 2003, S. 203–215.
117 Ebd., S. 204.
118 Régine Detambel: *Petit éloge de la peau*, Paris, Gallimard, Reihe »Folio«, 2007, S. 121, 125 und 128.
119 James Thomson: *Die Jahreszeiten*, op. cit., S. 13. Für die folgenden Zitate ebd., S. 15, 22 und 23.
120 Ebd., S. 107–108.
121 *Salomon Gessners Schriften*, Zwei Bände., Zürich 1778, »Idyllen«.
122 Ebd., Zweiter Band, Zürich 1778, S. 21. Für das folgende Zitat aus »Thyrsis« siehe ebd., S. 32.
123 Leconte de Lisle: *Poèmes antiques*, Alphonse Lemerre éditeur, 1886, hier das Gedicht »Les Éolides«, übersetzt nach: https://fr.wikisource.org/wiki/Po%C3%A8mes_de_Leconte_de_Lisle, abgerufen am 20.05.23

124 Ebd., S. 373.
125 Gustave Flaubert: *Die Versuchung des Heiligen Antonius*, 1874, zitiert nach: https://www.projekt-gutenberg.org/flaubert/antonius/chap002.html, abgerufen am 20.05.2023
126 Jean Giono: *Ernte.* Roman. Berlin, S. Fischer Verlag, 1931, S. 70–73.
127 Victor Hugo: *L'Exil. L'archipel de la Manche*, 1856, übersetzt nach: https://archive.org/stream/oeuvrescomplte40hugouoft/oeuvrescomplte40hugouoft_djvu.txt, abgerufen am 23.05.2023
128 Yvon Le Scanff: *Le Paysage romantique* …, op. cit., Die folgenden Zitate aus den Werken Victor Hugos, *L'homme qui rit* und *Les Travailleurs de la mer*, finden sich, von Kommentaren Y. Le Scanffs begleitet, ebd. S. 88 f.
129 Françoise Chenet: *Hugo ou l'art de déconcerter les anémomètres*, in: Michel Viegnes (Hg.): *Imaginaires du vent*, op. cit., S. 297–309, bes. S. 298.
130 Ebd., S. 304, von Françoise Chenet zitierte Textstelle aus *La mer et le vent.*
131 Victor Hugo: *La mer et le vent*, aus: *Proses philosophiques* (1860–1865), übersetzt nach: https://fr.wikisource.org/wiki/Proses_philosophiques/La_Mer_et_le_Vent, abgerufen am 23.05.2023.
132 Ebd., S. 307.
133 Victor Hugo: *Les Contemplations*, 1856, übersetzt nach: https://fr.wikisource.org/wiki/Les_Contemplations, abgerufen am 23.05.2023
134 Leconte de Lisle: *Poèmes tragiques*, Paris, Lemerre, 1866, S. 74 f., 117 f. und 125.
135 Ebd., »Die Krönung von Paris«, S. 77 f.
136 Émile Verhaeren: *Les Villages illusoires*, 1895.
137 Émile Verhaeren: *Les Villages illusoires*, Communauté française de Belgique, 2016, Vorwort von Werner Lambersy, S. 5.
138 Émile Verhaeren: Les Villages illusoires, übersetzt nach: http://www.florilege.free.fr/recueil/verhaeren-les_villages_illusoires.html, abgerufen am 23.05.2023.
139 Ebd.
140 Ebd., »Le moulin«
141 Ebd., »Heures mornes«
142 Ebd.
143 Ebd., »Le vent«
144 Émile Verhaeren: *Les Villages illusoires*, Communauté …, op. cit, Nachwort von Christian Berg, S. 215.
145 Saint-John Perse: *Œuvres complètes*, Paris, Gallimard, Reihe »Bibliothèque de la Pléiade«, 1982, »Vents«, S. 179–251.
146 Ebd., S. 1130.

147 Ebd., S. 196.
148 Ebd., S. 1122.
149 Ebd., S. 122.
150 Ebd., S. 213.
151 Ebd., S. 227, ebenfalls zitiert von Geneviève Dubosclard: *Intempéries, intempérance: Saint-John Perse et les catastrophes pures du beau temps*, in: Karin Becker (Hg.), La pluie et le beau temps …, op. cit., S. 241 ff.
152 Ebd., S. 233.
153 Ebd., S. 247 f.
154 Claude Simon: *Le Vent, tentative de restitution d'un retable baroque*, Paris, Éditions de Minuit, 1957/2013.
155 Jean-Yves Laurichesse: *Le vent noir de Claude Simon*, in: Michel Viegnes (Hg.): *Imaginaires du vent*, op. cit., S. 113–125, bes. S. 121.
156 S. den Prolog des *Juif errant* von Eugène Sue, Robert Laffont, Paris, 1983, S. 16, der dem »tobenden Orkan« und den »Stürmen des Nordpols« gewidmet ist.
157 Robert Dean: *Ibsen, le designer sonore du théâtre au XIXe siècle*, in: Jean-Marc Larrue/Marie-Madeleine Mervant-Roux (Hg.): *Le Son du théâtre,* Paris, CNRS Éditions, 2016, S. 165–180.
158 Ebd., S. 167.
159 Jules Moynet: *L'Envers du théâtre. Machines et décorations*, Paris, Hachette, 1875, S. 160.
160 Benjamin Thomas: *L'Attrait du vent*, Yellow Now, 2016, S. 13 f. und 18.
161 Élisabeth Cardonne-Arlyck: *Passages du vent au cinéma*, in: Michel Viegnes (Hg.): *Imaginaires du vent*, op. cit., S. 126 ff.
162 Benjamin Thomas: *L'Attrait du vent*, op. cit., S. 49.
163 Élisabeth Cardonne-Arlyck: *Passages du vent au cinéma*, art. cit., S. 129, S. 134.
164 Ebd.
165 Benjamin Thomas: *L'Attrait du vent*, op. cit., S. 74 f., S. 34.
166 Ebd., S. 56–59.
167 Élisabeth Cardonne-Arlyck: *Passages du vent au cinéma*, art. cit., S. 136.
168 Jean-Paul Kauffmann: *L'Arche des Kerguelen. Voyage aux îles de la Désolation*, Paris, Flammarion, 1993, S. 75 f., 90 f., 115, 118, 137 f.
169 Ebd., S. 169.

Wo nicht anders gekennzeichnet, stammen die Übersetzungen aus dem Französischen der einzelnen Literaturzitate von Karin Becker.

Verlag und Übersetzerin haben sich bemüht, alle Rechteinhaber der Sekundärquellen ausfindig zu machen, verlagsüblich zu nennen und zu honorieren. In Fällen, in denen dies nicht gelungen ist, bitten wir, berechtigte Honoraransprüche beim Verlag geltend zu machen.

MIX
Papier | Fördert gute Waldnutzung
FSC® C083411

Bibliografische Information der Deutschen Nationalbibliothek
Die Deutsche Nationalbibliothek verzeichnet diese Publikation in der Deutschen Nationalbibliografie; detaillierte bibliografische Daten sind im Internet über http://dnb.d-nb.de abrufbar.

Dieses Buch erscheint im Rahmen des Förderprogramms des französischen Außenministeriums, vertreten durch die Kulturabteilung der französischen Botschaft in Berlin.

Lektorat: Tabea A. Rotter, Wiesbaden
Cover, Layout & Satz: Anja Carrà, Weimar
Covermotiv: SoulMyst © stock.adobe.com
Der Titel wurde in der Adobe Caslon Pro gesetzt.
Gesamtherstellung: CPI books GmbH, Leck – Germany

ISBN: 978-3-7374-1223-0

Mehr über Ideen, Autoren und Programm des Verlags finden Sie auf www.verlagshausroemerweg.de und in Ihrer Buchhandlung.